金融素质视角下西部脱贫地区农户的家庭资产选择

基于甘肃省辖集中连片特殊困难地区实地调查

郭学军 著

重庆大学出版社

图书在版编目(CIP)数据

金融素质视角下西部脱贫地区农户的家庭资产选择：基于甘肃省辖集中连片特殊困难地区实地调查 / 郭学军著. -- 重庆 : 重庆大学出版社, 2021.12

ISBN 978-7-5689-3095-6

Ⅰ.①金… Ⅱ.①郭… Ⅲ.①农户-家庭—金融资产—研究—甘肃 Ⅳ.①TS976.15

中国版本图书馆 CIP 数据核字(2021)第 250919 号

金融素质视角下西部脱贫地区农户的家庭资产选择

——基于甘肃省辖集中连片特殊困难地区实地调查

JINRONG SUZHI SHIJIAO XIA XIBU TUOPIN DIQU NONGHU DE JIATING ZICHAN XUANZE

——JIYU GANSU SHENG XIA JIZHONG LIANPIAN TESHU KUNNAN DIQU SHIDI DIAOCHA

郭学军　著

策划编辑:张慧梓

责任编辑:陈亚莉　　版式设计:张慧梓

责任校对:陈　力　　责任印制:张　策

*

重庆大学出版社出版发行

出版人:饶帮华

社址:重庆市沙坪坝区大学城西路 21 号

邮编:401331

电话:(023) 88617190　88617185(中小学)

传真:(023) 88617186　88617166

网址:http://www.cqup.com.cn

邮箱:fxk@cqup.com.cn (营销中心)

全国新华书店经销

重庆升光电力印务有限公司印刷

*

开本:720mm×960mm　1/16　印张:14.5　字数:189千

2021 年 12 月第 1 版　　2021 年 12 月第 1 次印刷

ISBN 978-7-5689-3095-6　定价:68.00 元

本书得到国家自然科学基金委员会地区科学基金项目(项目名称:金融素质视角下贫困地区农户家庭资产选择研究——基于甘肃省集中连片特殊困难地区实地调查;项目编号:71863023)的资助。

序　言

家庭资产选择是家庭金融研究的核心问题。不断推进家庭资产选择的影响因素及作用机理研究,将为政府经济金融政策的制定提供必要的微观依据。通过提高针对特殊群体金融服务的供给效率和质量,增强供给侧应对需求变化的能力,有效解决金融机构无法满足特殊群体金融需求的问题,仍然是今后几年我国推进普惠金融发展的首要任务。在我国,普惠金融服务和保障体系的建设由政府主导,政府、金融机构以及包括家庭在内的消费者之间的协调互动首先取决于政府相关政策的精准性和有效性,要做到这一点,自然离不开对家庭资产选择等微观领域运行机理持续深入的研究。考虑到普惠金融重点要放在乡村,结合目前研究现状,本书在细致刻画西部脱贫地区农户金融素质、信贷约束以及家庭资产选择现状的基础上,试图从金融素质角度出发,深入探讨西部脱贫地区农户家庭资产选择异质性特征背后的原因及形成机理。本书主要研究内容和创新点体现在以下几个方面:

第一,使用特定的方法将金融素质、信贷约束以及家庭资产选择等概念转化为可度量的评价指标体系,进一步提升了三者对客观事实的识别能力和测量精度,全面地展示了西部脱贫地区农户金融素质的现状、所面临的信贷约束及对应的信贷配给机制和家庭资产选择的特征,进而增强了相关研究成果对现实世界的解释能力。相关研究对金融素质、信贷约束的界定与测量不尽相同,还存在诸多挑战。本书围绕这些挑战及相关共识性观点重构了金融素质和信贷约束的测量评估体系,进一步提升了二者对客观事实的识别能力和测量精度。其中的变化有二:一是采用多维度宽口径原则,从金融知识、金融行为和金融态度三个维度界定与测量金融素质;二是进一步优化信贷配给的识别与分类流程,重新规划信贷配给机制的分类。研究发现,在我国,西部脱贫地区农户金融素质的整体水平低下且彼此间的差异较大,从构成金融素质的三个子系统来看,西部脱贫地区农户金融知识的知晓程度和金融行为的审慎程度均非常有限,与之相匹配的则是保守的财富和消费观念以及强烈的储蓄意愿,三者以特有的方式维持着整个系统的动态平衡;在我国,西部脱贫地区农户面临的信贷约束问题依然比较突出,其中承受需求信贷约束的农户所占比重已经远远超过供给信贷约束,农户对可能获得的最佳信贷合约条件的否定性的认知偏差是诱发需求信贷约束的主要原因;在我国,西部脱贫地区农户金融风险市场的参与程度很低,出于对风险的厌恶,农户更倾向于持有对外借款等非正规金融风险资产或者银行理财产品等风险较低的正规金融风险资产。

第二,将金融素质、信贷约束同时纳入家庭资产选择影响因素及作用机理分析框架,实证检验了三者之间的互动机理,揭示了西部脱贫地区农户家庭资产选择异质性特征的成因,进一步说明了经典投资理论和西部脱贫地区农户家庭资产选择之间存在的偏误,为进一步修正优化家庭资产选择理论模型奠定了基础。本书首先使用简约多元 Logit 模型估计金融素质对农户承受特定类型信贷配给的边际影响;其后,从金融风险市场参与及参与深度两个角度,分别使用 Probit 模型和 Tobit 模型检验金融素质、信贷约束对家庭资产选择的作用机理。研究发现,金融素质的提升不仅能够直接提高农户参与金融风险市场的可能性,增加其在金融风险资产上的配置比例,还可能通过缓解农户需求信贷约束,进一步影响其金融风险市场参与及参与深度。具体表现在三个方面:一是金融素质对农户金融风险市场参与及参与深度均有显著正向影响;二是金融素质对农户承受需求信贷约束有显著负向影响;三是需求信贷约束对农户金融风险市场参与及参与深度均有显著负向影响。

第三,使用西部脱贫地区农户相关微观数据,从另一个层面呈现了我国家庭资产选择的异质性特征及成因。在我国,由于存在巨大的城乡和区域差异,要真实客观地反映我国家庭资产选择的现状及成因,有赖于对不同区域城乡家庭细致的观察和分析,然而,相关研究大多以城镇家庭为对象,相关研究成果未必完全适用于农户,尤其是西部脱贫地区农户。因此,本书以西部脱贫地区农户为研究对象,揭示了其家庭资产选择的异质性特征及成因,为推进普惠金融发展提供了全新的视角和路径。

目　录

1　前　言

2　文献综述

3　理论框架与数据说明

1

前　言

家庭资产选择是一项兼具学术和政策意义的研究，已经成为家庭金融研究的核心问题。探讨家庭资产选择的影响因素及作用机理，有助于提高一国经济金融政策的精准性和有效性，确保金融市场高效稳定运行，促进经济长期稳定发展。通过提高针对特殊群体金融服务的供给效率和质量，增强供给侧应对需求变化的能力，有效解决金融机构无法满足特殊群体金融需求的问题，仍然是今后几年我国推进普惠金融发展的首要任务，也是深化金融体制改革，促进金融业创新发展，完善金融市场建设的关键措施[1]。在此背景下，进一步深化对特定群体家庭资产选择影响因素及作用机理的认识具有重要的意义。

1.1 研究背景

1.1.1 研究的实践背景

《推进普惠金融发展规划(2016—2020 年)》指出，到 2020 年，建立与全面建成小康社会相适应的普惠金融服务和保障体系，有效提高金融服务可得性，明显增强人民群众对金融服务的获得感，显著提升金融服务满意度，满足人民群众日益增长的金融服务需求，特别是要让小微企业、农民、城镇低收入人群、贫困人群和残疾人、老年人等及时获取价格合理、便捷安全的金融服务，使我国普惠金融发展水平居于国际中上游水平[2]。可见，如何推进金融市场供给侧结构性改革，切实有效地提升供给侧灵活应对特殊群体金融需求的能力，是我国普惠金融服务和保障体系建设首先面临的重大挑战。

家庭金融（Household finance）主要关注家庭投资者效用目标的实现，即家庭投资者是如何通过合理配置股票、债券、基金等金融资产实现资源配置跨期优化，进而达成平滑消费以及效用最大化目标[3]。家庭资产选择是家庭金融研究的核心问题，不断推进家庭资产选择影响因素及作用机理研究，将为政府经济金融政策制定、金融业创新发展以及家庭福利水平改善提供必要的微观依据。在高收入国家，与养老规划、理性消费、消除贫困等主题相关的家庭资产选择研究，已经引起政府的高度关注，成为其重要的决策依据[4]。在我国，普惠金融服务和保障体系建设由政府主导，要推进金融市场供给侧结构性改革，实现政府、金融机构以及包括家庭在内的金融消费者之间的协调互动，增强金融供给应对特定群体金融需求变化的灵活度和精准性，必须首先厘清特定群体金融风险市场参与及资产配置的现状、影响因素和相关的作用机理，否则金融扶持政策的制定、金融监管措施的创新以及金融消费者权益保护制度的完善都将失去客观依据而可能偏离普惠金融的基本原则[1]。

金融素质决定着家庭资产选择的合理审慎程度，金融素质的提升对家庭金融风险市场参与及参与深度均具有显著的正向影响[5-7]。由于金融教育具有高度情境化特征，金融教育的对象选择、目标设定、内容选取、形式确定以及实施效果评估都必须经过严格论证，考虑到目前能够有效改善金融素质的手段只有金融教育，因此，在我国，如果上述金融素质对家庭资产选择的影响机理能够得到基于不同地区家庭金融调查的实证研究的支持，将为金融市场供给侧结构性改革的持续推进，提供全新的视角和精准的方案，将为差别化金融教育的实施提供重要的佐证和明晰的路径。

我国经济社会发展不均衡，对于西部脱贫地区农户而言，不仅普遍受到金融约束[8]，而且更容易受到金融约束[9]，因此，《中共中央国务院关于实施乡村振兴战略的意见》指出普惠金融重点要放在乡村[10]。因此，在我国，如何有效化解西部脱贫地区农户的金融抑制问题，已经成为推进金融市场供给侧结构性改革，实现普惠金融健康快速发展的重中之重。然而，正如前文所述，要有效化解西部脱贫地区农户金融抑制问题，必须首先厘清金融素质对家庭资产选择可能产生的影响及作用机理等问题。

1.1.2 研究的理论背景

家庭资产选择已成为经济、管理以及金融领域重要的研究课题。自20世纪50年代以来，家庭资产选择理论得到了长足发展，但是也面临较大挑战。具体来说，其发展大致经历了四个阶段，相应的进展及所面临的挑战如下：

第一个阶段的标志性研究成果分别来自Markowitz、Tobin和Sharpe。其中，Markowitz最早提出了理性投资者如何配置金融资产的问题，并构建了均值方差模型，试图给出合理的解释。该理论认为，由于投资回报、投资风险以及不同资产投资回报的协方差决定着理性投资者的投资行为，因此，理性投资者的投资行为必定遵循均值方差模型，即在投资风险一定的情况下，理性投资者以投资回报最大化为目标，而在投资回报一定的情况下，理性投资者的目标则转化为投资风险最小化[11]。均值方差分析框架的提出奠定了现代资产组合理论的基础并逐渐产生了一个新学科——金融经济学。在此基础上，Tobin和Sharpe的研究进一步完善了资产组合理论。其中,Sharpe 构建了资本资产定价模型,希望通过融合均值方差理论和有效市场理论,为理性投资者如何配置金融资产问题提供合理的解释。该理论指出,由于存在系统性风险,即对投资收益存在影响且无法通过相应的资产分散策略予以消除的风险,因此,对于理性投资者而言,所采取的投资组合策略都是相同的,唯一的区别仅仅表现在投资组合的分配比例上[12]。

该阶段的研究成果揭示了理性投资者单期资产选择行为的特征和规律,为认识和理解金融资产配置问题提供了重要的工具和手段。但是,由于仅仅考虑了单期资产选择行为,相关研究成果与个体投资行为的经验证据并不完全吻合。实际上,实现资产跨期优化配置才是理性投资者最为关注的问题,因此,如何真实客观地反映理性投资者跨期资产配置行为的特征和规律便成为学术界必须回答的问题,相关研究进入了第二个阶段。

第二个阶段的标志性研究成果则来自 Samuelson 和 Merton。Samuelson 指出,在动态经济环境中,理性投资者如何配置金融资产仅仅取决于自身的风险态度和投资的超额回报分布的方差,而不受年龄、财富等因素的影响,对于投资组合结构比例而言,无论在动态情况下还是在静态情况下都是相同的[13]。Merton 将资产配置问题扩展到多期,建立了跨期消费和投资组合模型。据此可知:第一,投资人是否持有最优比例的风险资产组合与自身风险偏好无关,因此,无论风险偏好如何,投资人持有的风险资产组合都是相同的,两基金分离定理仍然成立;第二,在潜在投资条件下,通过持有方差最高的资产组合,投资人能够有效化解环境变化带来的风险[14]。

Merton 提出的跨期消费和投资组合模型,奠定了家庭投资决策的理论基础,为后续研究提供了基本的分析框架和工具。尽管如此,该理论仍未突破理性人、完全市场和标准偏好等前提性的基本假设，随着家庭金融研究的不断深入，尤其是股票市场"有限参与"之谜，即家庭投资者的股票市场参与率远远低于上述相关理论的推测，逐步被相关研究发现，进一步引发了学术界的反思，如何破解上述金融谜团开始成为家庭资产选择研究的重要视角。

第三个阶段，针对金融市场出现的"有限参与"之谜和"羊群效应"等金融谜团，学术界主要从环境异质性（背景风险、市场不完全等）、生命周期、社会资本、交易摩擦、信贷约束等方面说明了原因。希望通过逐步放松相关理论有关理性人、完全市场和标准偏好等前提性基本假设，提高其对现实的解释能力。

从已有实证研究的结论来看，目前已经基本达成的共识有：第一，房产投资对家庭金融风险资产投资具有挤出效应[15-22]；第二，家庭资产配置具有明显的财富效应[3,23-26]；第三，交易成本、税收等交易摩擦因素对家庭金融风险资产投资有负向影响[3,23,27-29]；第四，社会资本对家庭金融风险资产投资有正向影响[30-34]；第五，信贷约束对家庭持有金融风险资产的概率以及持有比例会产生显著的负向影响[35-40]。

至于健康风险和生命周期等因素与家庭资产选择之间的关系，相关研究则没有得出一致的结论。

该阶段研究成果揭示了家庭资产选择与不同影响因素之间的关系及作用机理，进一步扩展了家庭资产选择理论，提高了其对现实的解释能力。即便如此，该阶段相关研究成果并不足以说明家庭资产选择异质性特征的成因，股票市场"有限参与"之谜等金融谜团仍未完全解开，家庭资产选择研究依然面临严峻的挑战。

近年来，从金融素质视角出发，探讨家庭资产选择的异质性特征及形成机理正逐步成为家庭资产选择研究的新兴领域，家庭资产选择研究开始进入第四个阶段。截至目前,相关领域已经涌现出大量研究成果,金融素质对家庭持有金融风险资产的概率以及持有比例存在显著正向影响的推断逐步被基于不同情境的实证研究所证实[21,41-49]。但是,总体来说,金融素质尚处于前范式阶段,标准化的理论分析框架还不存在,金融素质与家庭资产选择之间是否一定存在显著的正向相关关系,还需要在更多情境中加以验证。在我国,金融素质研究起步较晚,同时囿于家庭资产配置微观数据的缺乏,相关研究,尤其是针对农户的相关研究还不多见。因此,从金融素质视角出发,探讨西部脱贫地区农户家庭资产选择的异质性特征及成因,自然具有十分重要的理论研究价值。

综上所述,从实践背景可知,金融素质对西部脱贫地区农户家庭资产选择的影响机理研究是推进金融市场供给侧结构性改革,实现普惠金融健康快速发展的需要,有重要的实践价值和政策意涵。从理论背景可知,从金融素质视角出发,探讨西部脱贫地区农户家庭资产选择的异质性特征及成因是家庭资产选择研究的新兴领域,是化解"有限参与"之谜等金融谜团,弥合经典投资理论与家庭资产选择经验证据之间存在的偏差的必要尝试,具有十分重要的理论研究价值。

1.2 研究目的与研究意义

1.2.1 研究目的

随着农村经济社会改革的不断推进,西部脱贫地区农户家庭资产选择的演变规律已经成为理论界和实务界所关注的一个重要问题。本书利用实地调查数据,从微观领域实证检验了金融素质、信贷约束与西部脱贫地区农户家庭资产选择之间的关系及互动机理，希望实现以下研究目标：

第一，探寻“有限参与”之谜和“羊群效应”等金融谜团的成因及形成机理。如前文所述，经典投资理论认为，绝大多数家庭，不论富有还是贫穷，将采取相同的投资组合策略，都会将一定比例的财富投资于股票等风险资产。但是，随着金融市场的不断演进，“有限参与”之谜和“羊群效应”等金融谜团逐步浮现，经典投资理论与家庭资产选择的经验证据之间出现了较大的偏离，如何破解上述金融谜团，弥合理论与现实之间的差异已经成为家庭资产选择研究的重要视角。基于此，本书试图从金融素质视角出发，探寻上述金融谜团的成因及形成机理。

第二，记录评估西部脱贫地区农户金融素质、信贷约束的现状和家庭资产选择的异质性特征。通过特定的方法将金融素质、信贷约束以及家庭资产选择转化成能够度量的评估指标体系，以实地调查数据为基础，客观真实地记录我国西部脱贫地区农户金融素质、信贷约束的现状和家庭资产选择的异质性特征，为相关公共政策的制定、效果的评估以及相关学术研究成果的验证提供参照。

第三，实证检验我国西部脱贫地区农户金融素质、信贷约束与家庭资产选择之间的互动机理。通过实证检验，揭示西部脱贫地区农户家庭资产选择的异质性特征以及与金融素质、信贷约束之间的互动机理，从而为差别化金融教育等相关公共政策的制定，普惠型农村金融服务和保障体系的构建提供依据和指导。

第四，进一步推进经济合作与发展组织（以下简称“经合组织（OECD）”）推荐使用的金融素质测量评估体系的中国化进程。金融素质是高度情境化的概念，因此，在我国情境下，要确保经合组织（OECD）推荐使用的金融素质测量评估体系的有效性和精准性，基于我国不同地区、不同人群的异质性特征，逐步探寻该测量评估体系中国化的具体路径，依然是今后一段时期学术界和实务界亟待解决的问题。尽管此前笔者已经在我国西部脱贫地区实施了针对该测量评估体系措辞和计分体系的实用性调查,并据此对其进行了适当的调整,但是,由于缺乏相关微观数据,并未能对诸如该测量评估体系的核心测试问题是否适用于我国西部脱贫地区,是否有调整的必要,如何进行调整等问题给出明确的回答。因此,兰州理工大学与兰州财经大学"金融素质视角下贫困地区农户家庭资产选择研究"项目组组织实施的甘肃省辖集中连片特殊困难地区农户金融素质和家庭资产配置调查,进一步验证了上述问题,为推进该测量评估体系的中国化进程提供依据和指导。

1.2.2 研究意义

从理论上讲,本书的研究意义可能有以下几点:首先,将金融素质以及信贷约束变量同时纳入家庭资产选择研究,进一步放松了跨期消费和投资组合等理论模型的前提性基本假设,有效纠正了经典投资理论模型和家庭资产选择的经验证据之间存在的偏差,增强了对客观现实的解释能力,推动了股权溢价、储蓄投资等理论的发展;其次,将金融素质以及信贷约束变量同时纳入家庭资产选择研究,进一步检验了信贷约束作用于家庭消费、储蓄和投资行为的机理机制,推动了生命周期、持久收入等理论的发展;最后,使用我国西部脱贫地区农户调查数据,实证检验了金融素质、信贷约束和家庭资产选择之间的互动机理,有效弥补了国内相关研究的不足,为国际比较研究增添了新内容。

从实践层面来看,本书的研究意义可能有以下几点:首先,通过记录评估西部脱贫地区农户金融素质、信贷约束的现状和家庭资产选择的异质性特征,为相关公共政策的制定、实施效果的评估以及相关理论研究成果的验证提供客观依据;其次,通过分析验证西部脱贫地区农户金融素质、信贷约束和家庭资产选择之间的互动机理,为推进我国农村地区,尤其是西部脱贫地区普惠金融发展各项政策的制定实施,为金融机构管理和产品的创新,为西部脱贫地区农户福利水平的提高提供科学依据和实践指导。

1.3 研究内容与研究方法

1.3.1 研究内容

本书从金融素质视角出发,深入探讨我国西部脱贫地区农户家庭资产选择异质性特征背后的原因及形成机理,主要研究内容包括:西部脱贫地区农户金融素质、信贷约束现状及家庭资产选择异质性特征研究;西部脱贫地区农户金融素质、信贷约束与家庭资产选择互动机理研究;普惠型农村金融服务和保障体系构建以及西部脱贫地区农户家庭资产选择行为干预措施研究。各部分研究内容如图 1.1 所示。

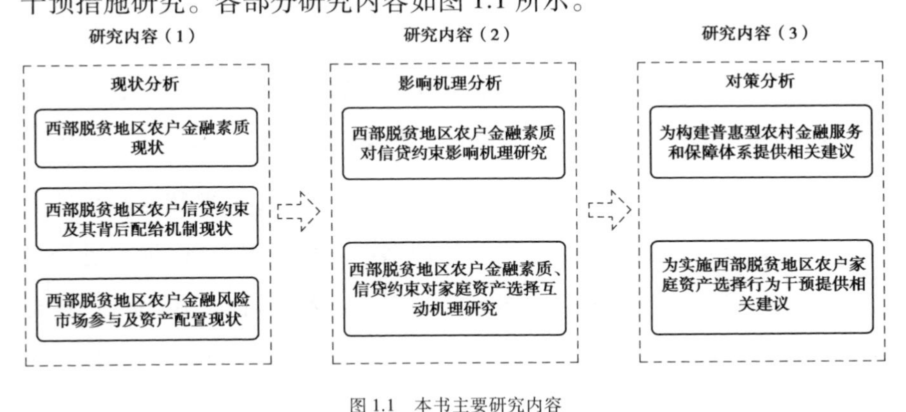

图 1.1　本书主要研究内容

Figure1.1　The Main Research Contents of the book

1）金融素质、信贷约束现状及家庭资产选择特征研究

要揭示西部脱贫地区农户金融素质、信贷约束和家庭资产选择之间的互动机理，必须对现状有深刻的认识。通过特定的方法将三者转化成能够度量的评价指标体系，以调查数据为基础，清晰地刻画西部脱贫地区农户金融素质、信贷约束的现状及家庭资产选择的特征，是本书必须首先完成的研究任务。

（1）样本农户金融素质现状及分布特征分析

①金融素质的界定测量。本书采用经合组织（OECD）为第二次跨国金融素质调查（2015 年）构建的标准化金融素质测量评估体系来界定测量金融素质。该测量评估体系对金融素质的界定、测量工具以及测量过程的控制等环节都做了明确的规定，具体内容将在本书第 3 章重要概念的界定与测量部分详细说明。唯一例外的是，对于金融素质的赋值问题，为了便于验证计量分析结果的稳健性，本书除了采用经合组织（OECD）推荐的简单汇总赋值法外，还采用了因子分析赋值法来确定样本农户金融素质的具体取值。

②利用调查数据，刻画样本农户金融素质现状及分布特征。

（2）样本农户信贷约束现状及背后信贷配给机制分析

本书对农户信贷约束现状的刻画仅涉及信贷约束及背后信贷配给机制的识别和评价。

①信贷约束及背后信贷配给机制的识别。本书以刘西川等提出的农户信贷约束及背后的信贷配给机制的识别评估体系为基础，根据已经显露出来的问题对该识别评估体系做了相应的调整，并以此作为信贷约束的识别测量工具。该识别评估体系的最大特征是将信贷约束的测量转化为超额信贷需求（Excess credit demand）的测量，以便在控制住农户正规

信贷需求的前提下,识别评估西部脱贫地区农户信贷约束及背后的信贷配给机制[50]。本书对该识别评估体系的调整主要体现在信贷约束及背后信贷配给机制的识别与分类标准和流程上,具体内容将在本书第3章重要概念的界定与测量部分作详细说明。

②利用调查数据,揭示样本农户信贷约束现状及背后的信贷配给机制。

(3)样本农户金融风险市场参与及资产配置现状分析

①家庭资产选择的界定测量。考虑到在我国西部脱贫地区参与股票市场等金融风险市场的农户所占比重很低,同时结合已有研究中的做法,本书选取家庭正规金融市场参与、家庭金融市场参与、正规金融风险资产占比、金融风险资产占比4个指标来反映家庭资产选择。

所谓正规金融风险资产涵盖范围较广,泛指银行理财产品、股票、基金、黄金等能够合法流通的金融风险资产(房产除外),本书以入户调查时农户持有此类资产的状态为标准来定义衡量家庭正规金融市场参与情况;非正规金融风险资产则仅仅涵盖民间借贷,本书界定与测量家庭金融市场参与的标准则是入户调查时农户拥有此类资产或者正规金融风险资产的状态;以此类推,在本书中,正规金融风险资产占比则特指入户调查时农户持有的正规金融风险资产在家庭净资产中所占的比重;金融风险资产占比则特指入户调查时农户持有的金融风险资产在家庭净资产中所占的比重。具体内容将在本书第3章重要概念的界定与测量部分作详细说明。

②利用调查数据,刻画样本农户金融风险市场参与及资产配置现状。

2）西部脱贫地区农户金融素质、信贷约束与家庭资产选择互动机理研究

实证检验西部脱贫地区农户金融素质、信贷约束及家庭资产选择三者之间的关系和作用机理是本书的核心内容。

（1）西部脱贫地区农户金融素质对信贷约束的影响机理研究

针对西部脱贫地区农户金融素质对信贷约束影响机理的实证分析包括三项内容：

①基于实地调查数据，根据特定的信贷配给识别标准对样本农户进行分类。

②初步考察金融素质等禀赋对样本农户信贷约束及背后信贷配给方式的影响。

③在控制其他变量后，进一步检验金融素质对样本农户信贷约束及背后信贷配给方式的影响。

（2）西部脱贫地区农户金融素质、信贷约束对家庭资产选择的影响机理研究

针对西部脱贫地区农户金融素质、信贷约束对家庭资产选择影响机理的实证分析同样分为三个步骤：

①基于实地调查数据，初步考察样本农户正规金融市场参与、金融市场参与、正规金融风险资产占比、金融风险资产占比与金融素质和承受信贷约束的状态之间的互动机理。

②控制其他变量后，进一步检验样本农户正规金融市场参与、金融市场参与、正规金融风险资产占比、金融风险资产占比与金融素质和承受信贷约束的状态之间的互动机理。

③采用工具变量两阶段回归法消除解释变量（金融素质）的内生性

问题可能给估计结果带来的影响。

3）普惠型农村金融服务和保障体系构建以及西部脱贫地区农户家庭资产选择行为干预措施研究

进一步凝炼归因于金融素质、信贷约束的西部脱贫地区农户家庭资产选择的异质性特征以及三者之间的互动机理，为构建普惠型农村金融服务和保障体系以及实施西部脱贫地区农户家庭资产选择行为干预提供对策和建议。

1.3.2 研究方法

本书的选题和研究内容决定了基于问卷调查的微观实证分析是本书的主要研究方法，具体来看主要包括以下几类：

1）问卷调查法

从目前国内微观调查数据库提供的数据来看，一则专门针对农户的家庭金融的微观调查数据库尚未建立，相关数据无法满足农户，尤其是西部脱贫地区农户相关研究的要求。二则专门针对金融素质的微观调查数据库尚未建立，相关数据同样无法满足金融素质相关研究的要求。因此，本书排除了利用数据库搜集获取数据资料的方法，结合我国西部脱贫地区农户的现状，最终采用问卷调查方式直接从农户获取资料、数据和信息。为此，兰州理工大学与兰州财经大学“金融素质视角下贫困地区农户家庭资产选择研究”项目组组织实施了甘肃省辖集中连片特殊困难地区农户金融素质和家庭资产配置调查，分别获取样本农户的人口学特征、金融素质、信贷约束以及资产配置相关数据，为后续研究提供了充分可靠的数据支撑。

2）文献分析法

本书采用互引聚类等文献分析方法，系统地梳理分析了资产配置视角下家庭金融理论的演化及现状、金融素质和信贷约束等核心概念的界定测量方法的演化及现状以及金融素质、信贷约束与家庭资产选择互动关系的研究现状。以此为基础,结合本书研究目标,利用金融经济学、行为经济学等理论,构建金融素质、信贷约束与家庭资产选择互动机理的分析框架。

3）实证研究法

为客观准确地反映金融素质、信贷约束与家庭资产选择之间的互动机理,本书选用了多元离散型选择模型中的简约多元 Logit 模型、二值离散选择模型中的 Probit 模型以及非参数模型中的 Tobit 模型等多种计量分析方法。本书选取计量分析方法的依据主要有两个:一是被解释变量的数据特征,比如数据中存在的偏态分布、可观测数据的阶段性以及非对称性等;二是分析过程中可能存在的内生性问题。本书数据处理采用 R 语言。

4）跨学科研究法

家庭金融研究涉及金融学、经济学、管理学、社会学以及心理学等不同学科的相关理论,因此,相关研究必须综合运用多学科的理论、方法以及研究成果,统筹兼顾,合理设计分析框架。本书也不例外,对于金融素质、信贷约束与家庭资产选择之间的互动机理的研究就是在多学科分析框架下完成的。

1.4 研究思路与结构安排

1.4.1 研究思路

本书利用实地调查数据,在客观反映西部脱贫地区农户金融素质、信贷约束以及家庭资产选择现状的基础上，试图从金融素质角度出发，深入探讨我国西部脱贫地区农户家庭资产选择异质性特征背后的原因及形成机理，具体来说按以下思路展开：

1）实证研究分析框架构建

①搜集、整理与金融素质、信贷约束和家庭资产选择之间的互动关系相关的文献，采用互引聚类等文献分析方法，探寻金融素质、信贷约束与家庭资产选择之间可能的互动机理。

②结合已有文献，探寻实证检验金融素质、信贷约束与家庭资产选择之间互动机理可能的分析框架，包括金融素质和信贷约束等概念的界定与测量、实地调查的组织实施及计量模型的选择等。

③结合本书研究对象和目标，构建金融素质、信贷约束与家庭资产选择互动机理的分析框架。

2）数据收集及初步分析

①组织实施农户金融素质及家庭资产配置调查。本书采用的调查方案如下：

调查地区：甘肃省辖集中连片特殊困难地区（以下简称“甘肃省辖集中连片特困区”）[①]。

调查方法：整群抽样、分层和随机抽样调查。本书的抽样设计遵循以下原则：一是每个集中连片特困区覆盖的样本县不少于2个且不低于该集中连片特困区覆盖的贫困县（市、区）总数的20%，样本县的地理分布

① 截至2020年11月21日，甘肃省辖集中连片特困区包括的58个贫困县（市、区）已经全部退出贫困县序列，但是，为了客观地反映本书所依托的基础性数据资料的来源，清晰地说明本书研究对象的典型性和代表性，准确地定位本书研究成果对后续相关研究的参考价值，明确地指出西部脱贫地区在巩固拓展脱贫攻坚成果与全面推进乡村振兴之间的必然联系，本书依然沿用该称谓及其相应的区域划分标准。

比较均匀;二是少数民族聚居地区的样本比重不低于20%;三是抽样仅在样本县所辖的非贫困村(行政村)中开展,且尽可能节约成本。

调查问卷:采用的调查问卷包含4个模块,分别获取样本农户的人口学特征、金融素质、信贷约束以及家庭资产配置相关数据。

②收集整理调查获得的数据,通过描述性统计分析,刻画样本农户金融素质、信贷约束的现状及家庭资产选择的异质性特征。

3)计量分析

(1)样本农户金融素质对信贷约束及背后信贷配给机制的影响分析

①计量模型选择。本书设定一个简约多元Logit模型,来估计金融素质对样本农户受到特定类型信贷配给的可能性所带来的影响。

②计算金融素质对样本农户受到特定类型信贷配给的可能性的边际影响。对于多元Logit模型而言,由于无法清晰准确地说明参数估计结果的具体内涵,所以,需要进一步估计金融素质对样本农户受到特定类型信贷配给的可能性所带来的边际影响。

③总结金融素质对信贷约束及背后配给机制的影响。

(2)样本农户金融素质、信贷约束对家庭资产选择的影响分析

①计量模型选择。本书采用Probit模型实证检验金融素质、信贷约束对样本农户金融市场参与和正规金融市场参与产生的影响,采用Tobit模型实证检验金融素质、信贷约束对样本农户金融风险资产占比和正规金融风险资产占比产生的影响。

②内生性检验。本书采用工具变量两阶段回归法来解决实证分析过程中可能存在的内生性问题,消除解释变量(金融素质)的内生性可能给估计结果带来的负面影响。

③总结金融素质、信贷约束对家庭资产选择的影响机理。

4）对策研究，为政府科学决策提供依据和指导

本书的技术路线如图 1.2 所示。

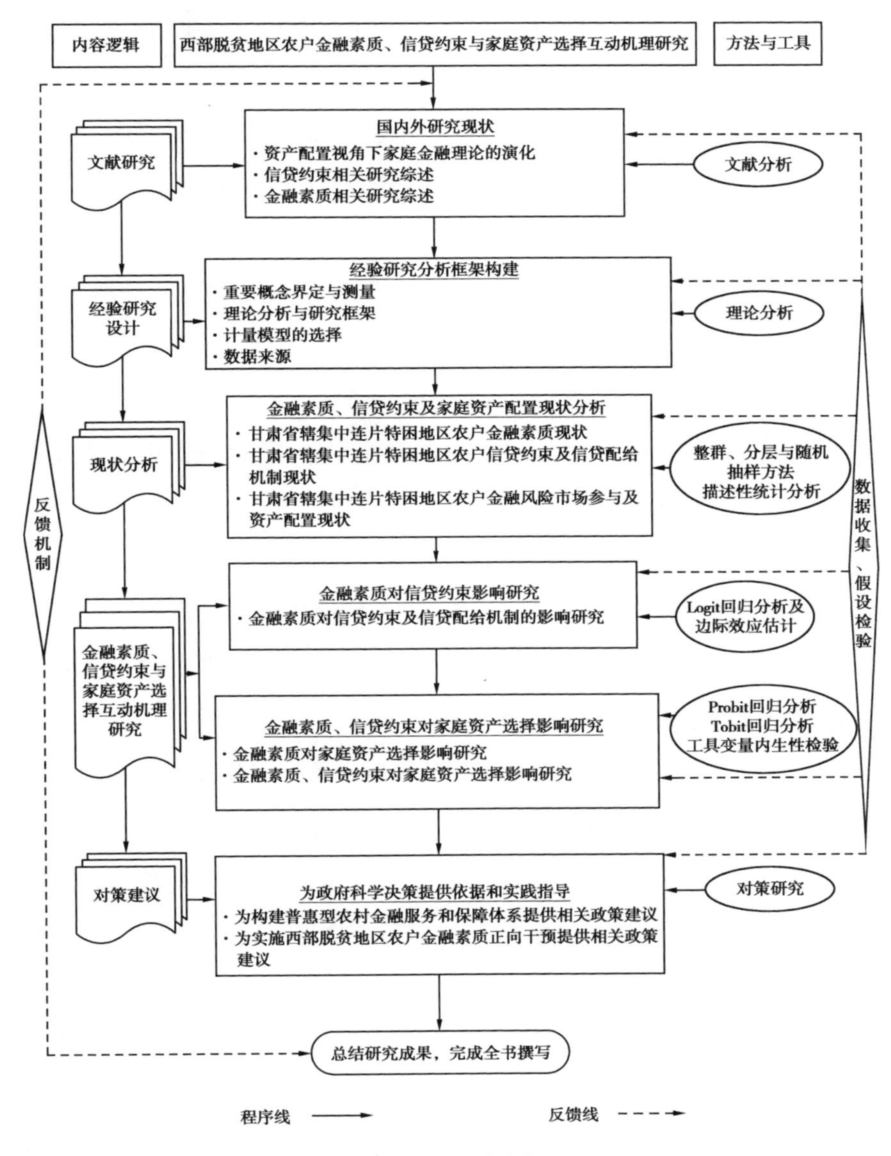

图 1.2　本书技术路线图

Figure 1.2　The Technology Road Map of the book

1.4.2 结构安排

根据上述研究思路和技术路线安排,本书总共设置七章内容,具体的结构安排如下:

第 1 章介绍了本书的研究背景、研究意义、研究目标、研究内容以及研究方法、思路和结构框架。该章节是对本书总揽性的介绍。

第 2 章分别从资产配置视角下家庭金融理论的演化、金融素质、信贷约束的界定与测量以及二者对家庭资产选择的影响三个方面,梳理、总结了与本研究相关的文献。该章节为本书理论分析和研究设计环节提供了必要的依据和支撑,是本书得以立论的前提条件。

第 3 章首先从理论层面说明实证检验金融素质、信贷约束与家庭资产选择之间的互动机理的分析框架,包括相关概念的定义及测量、理论分析及研究框架和计量分析模型的选择;其次从调查设计和调查结果两个层面介绍了实证检验金融素质、信贷约束与家庭资产选择之间互动机理所需数据的来源和数据特征。该章节为本书实证检验环节提供了必要的方法、思路和数据,是本书论证得以展开的基础。

第 4 章依据前一章理论分析确定的金融素质等相关概念的界定与测量方法以及实地调查获取的样本数据,详细说明样本地区农户金融素质及资产配置的现状,旨在达成两项目标:一是清晰地记录刻画西部脱贫地区农户金融素质、信贷约束的现状及家庭资产选择的异质性特征;二是为深入透彻地分析三者之间的互动机理提供充分的数据支撑。该章节是本书论证过程的开端,相关描述性统计分析结果为下一步计量分析提供了参照和支撑。

第 5 章遵循本书第 3 章确定的实证检验分析框架,使用第 4 章提供的与样本农户相关的描述性统计分析结果来考察金融素质对信贷约束及背后的信贷配给机制可能产生的影响以及作用机理。该章节是本书论证过程的重要环节之一,相关计量分析结果将构成本书论证结果的主要内容。

第6章主旨与第5章类似,即利用计量分析方法及实地调查数据检验金融素质、信贷约束对家庭资产选择的影响及作用机理。具体论述从金融素质对家庭资产选择的影响以及金融素质、信贷约束对家庭资产选择的影响两个层面展开。该章节是本书第5章的延续,是本书论证过程的另一个重要环节,相关计量分析结果同样将构成本书论证结果的主要内容。

第7章依据本书实证检验结果,进一步凝炼归因于金融素质、信贷约束的西部脱贫地区农户家庭资产选择的异质性特征以及三者之间的互动机理,为政府相关政策的制定、实施提供对策和建议,并指出本书研究存在的不足以及未来研究可能的拓展方向。该章节是本书的总结。

1.5 小结

本章是对全书的总括性说明。首先,介绍了本书选题的实践背景和理论背景。结合我国深化金融体制改革,推进普惠金融发展的实际需求,以及化解经典投资理论模型和家庭资产选择的经验证据之间的偏误,推进家庭资产选择相关理论发展的客观需要,引出了本书的研究主题。其次,系统地阐释了本书的研究背景、目的意义、内容、方法、思路和结构安排。

2

文献综述

Campbell 将家庭金融学划分为实证主义家庭金融学和规范主义家庭金融学，并明确界定了二者的区别，即前者利用相关实证分析结果客观反映家庭金融决策的实际情况和行为特征，为相关理论的证伪提供参照，后者则利用已有金融经济学理论分析家庭投资行为，以说明家庭应该如何进行金融决策[3]。可见，规范主义家庭金融研究是开展实证主义家庭金融研究的依据和起点，只有对其演进历程和发展现状有清晰的认识，相关实证研究才可能做到有的放矢。此外，正如赵延东和罗家德所说，在经验社会科学研究中，对社会现象的测量是极其重要的环节，只有通过一定概念化和操作化的方式，把要研究的社会现象转化成一系列可测量的概念和指标，才可能对社会现象进行实证分析[51]。然而，作为讨论的起点，理论界对如何界定与测量金融素质和信贷约束还存在较大争议，公认的标准化的测量方法以及应用于实证分析的研究策略还不存在。因此，从方法论角度来讲，细致地回顾金融素质和信贷约束相关的界定与测量方法，清晰地呈现已达成的共识，显然是揭示二者的本质进而建构最适宜的测量工具无法回避的技术环节。最后，从金融素质视角出发考察家庭资产选择是目前学术界和实务界所关注的焦点，基于不同情境、不同方法的相关实证研究成果不断涌现，为后续研究提供了重要的借鉴。因此，梳理总结相关研究成果，进一步厘清研究思路、分析方法、变量设计、模型选择以及估计结果解释等问题，同样是不可或缺的技术环节。本章由三部分组成，第一部分回顾总结资产配置视角下家庭金融研究的演化和主要进展，

第二部分回顾总结信贷约束的界定与测量及所产生的影响方面的研究，第三部分回顾总结金融素质的界定与测量及所产生的影响方面的研究。

2.1 资产配置视角下家庭金融理论的演化

本节主要从资产配置视角下家庭金融研究理论框架的演化以及资产配置视角下家庭金融研究的进一步扩展两个层面，梳理总结家庭金融理论的演化过程及发展动态，为本书下一步的研究提供依据和思路。

2.1.1 资产配置视角下家庭金融研究理论框架的演化

从文献发展演变的脉络来看，严格意义上的资产选择行为研究开始于20世纪50年代，而均值方差模型、资本资产定价模型(CAPM)以及跨期消费和投资组合模型相继提出，事实上构成了不同时期从资产配置视角出发研究家庭金融相关问题的最基本的理论分析框架。

如前文所述，Markowitz构建了均值方差模型，首次系统地阐释了理性投资者如何配置金融资产的问题，即特定金融资产的预期回报和风险以及各类金融资产预期回报间的协方差是理性投资者在配置金融资产过程中的决定性因素；换句话说，在风险水平给定情况下，理性投资者所考虑的就是如何实现收益最大化，然而，在期望收益水平给定情况下，理性投资者所考虑的则是如何实现风险最小化[11]。该理论框架的提出为现代资产组合理论的发展奠定了基础。Sharpe通过融合均值方差理论和有效市场理论，提出了资本资产定价模型，即在资本市场，由于存在系统性风险，即对投资收益存在影响且无法通过相应的资产分散策略予以消除的风险，因此，对于理性投资者而言，所采取的投资组合策略都是相同的，唯一的差别仅仅表现在投资组合的分配比例上[12]。该理论框架揭示了理性投资者单期资产选择行为的特征和规律,为认识和理解金融资产配置问题提供了重要的工具和手段。但是,由于仅仅考虑了单期资产选择行为,该理论框架还无法全面客观地反映现实中的投资行为。事实上,在资产配置过程中,投资者必须通盘考虑当下和未来可能出现的问题并作出相应的安排,因此,如何从理论层面准确地刻画资产跨期优化配置问题便成为当务之急。

Merton 将资产配置问题扩展到多期,建立了跨期消费和投资组合模型——第一,投资人是否持有最优比例的风险资产组合与自身风险偏好无关,因此,无论风险偏好如何,投资人持有的风险资产组合都是相同的,两基金分离定理仍然成立;第二,对于投资人而言,要规避跨期投资可能出现的风险,所持有的资产至少应包括方差最优资产组合、无风险资产和风险资产[14]。该理论的建立,奠定了家庭投资决策的理论基础,为后续研究提供了基本的分析框架和工具。但是,该理论仍未突破理性人、完全市场和标准偏好等前提假设。随着家庭金融研究的不断深入,该理论与客观现实之间存在的偏差,尤其是股票市场"有限参与"之谜等金融谜团,逐步被相关研究发现并引发学术界的反思。如何放松上述前提性假设,弥合该理论与现实之间存在的偏误自然成为家庭金融研究的重要视角。

2.1.2 资产配置视角下家庭金融研究的进一步扩展

如前文所述,资产配置视角下的家庭资产选择研究扩展了经典投资理论,围绕"有限参与"之谜和"羊群效应"等金融谜团,学术界从投资者偏好异质性、环境异质性(背景风险、市场不完全等)等方面来解释家庭资产选择行为，进一步丰富了家庭金融理论。

1）背景风险

所谓背景风险就是无法通过对冲、保险或者分散化投资等市场交易手段规避的风险。由于相关研究已经证实背景风险对投资者风险资产的持有及持有比例存在显著的负向影响，因此，背景风险被纳入家庭投资者的决策函数来分析投资组合问题。

（1）住房风险

房产是家庭资产中为数不多的几项可以通过借贷来消费或投资的资产之一，但是，由于流动性不强且不能完全分散化，因此，家庭投资者的资产组合极易受到房地产价格波动的影响。目前，多项研究已经证实房产对家庭风险资产投资具有挤出效应。Flavin 和 Yamashita 的研究指出住房对股票资产投资具有挤出效应，尤其对于大多数年轻家庭和低收入家庭而言，该效应更加明显[15]。Cocoo 和 Hu 也都证实住房对股票资产投资具有挤出效应[16,17]。Pelizzon 和 Weber 则从投资组合的有效性角度考察了住房的影响，研究指出家庭投资组合的有效性在很大程度上取决于家庭拥有住房的净值[18]。Chetty 等分别采用房产净值和购房抵押债务两个指标来衡量住房价值，并且比较了二者对家庭资产选择的影响，结果显示风险资产在家庭资产配置中所占的比例与住房净值存在显著的正相关关系，与购房抵押债务则存在显著负相关关系[19]。国内学者的研究也得出了类似的结论。吴卫星等研究发现，在中国，对于低收入家庭而言，拥有住房对其他风险资产具有明显的挤出效应，但是，对于拥有房产的高收入家庭而言，股票投资在家庭资产配置中所占的比例反而较高[20]。尹志超等基于中国家庭金融调查数据证明了拥有住房对其他风险资产具有挤出效应[21]。陈莹等同样证明了拥有住房对其他风险资产具有挤出效应[22]。当然,也有例外,Yao 和 Zhang 将租赁市场和房屋购买市场同时引入模型,最终,研究结果并未支持房产对家庭风险资产投资具有挤出效应的结论[52]。

(2)健康风险

健康状况的变化可能引发家庭支出以及家庭成员对未来预期的波动,进而对家庭资产选择产生影响。由于公认的健康概念的标准化测量方法还不存在,针对健康可能给家庭资产选择带来的影响,相关研究的结论并不一致。有些研究证明健康状况的好坏会显著影响家庭在风险资产上的配置比重。基于美国健康与退休调查数据,Rosen 和 Wu 证明健康状况较差的家庭减少金融风险资产的持有,健康状况对家庭资产配置存在显著正向影响[53]。雷晓燕和周月刚基于中国健康与养老追踪调查数据的研究也得出类似结论[54]。同样基于美国健康与退休调查数据,Berkowitz 和 Qiu 研究发现如果健康状况出现问题,家庭会减少金融资产,尤其是金融风险资产的持有量,对非金融资产则没有对称性的影响[55]。除此之外,有些研究则得出相反的结论。Cardak 和 Wilkins 基于澳大利亚家庭调查数据的研究发现,对未来健康状况的担忧对家庭参与金融风险资产市场会产生显著影响,当下的健康状况的影响则并不显著[56]。何兴强等通过对中国家庭资产选择行为的考察也得出类似的结论[57]。吴卫星等的研究同样证明,股票等金融风险资产在中国家庭资产配置中所占的比重受到健康状况的显著影响,值得注意的是,对于中国家庭而言,是否参与股票等金融风险资产市场却与该变量没有显著的相关关系[58]。李涛和郭杰的研究则发现健康状况对家庭资产选择没有显著影响[59]。

(3)收入风险

根据收入来源的不同,家庭收入大致可以分为两类:劳动收入和红利收入。对于家庭资产选择而言,劳动收入也是重要的影响因素,目前相关研究主要分为规范研究和实证研究两类。规范研究方面,Bodie 等的研究具有开创性,该研究将人力资本纳入最优消费和投资组合决策研究,并率先证实,家庭投资者可以借助劳动供给特有的弹性特征有效应对投资可能带来的风险,从而增加其持有风险资产的可能性,因此,确定性劳动收入的提高能有效增加家庭投资者,尤其是年轻家庭投资者持有风险资产的概率[60]。Cocco 等将最优消费和投资组合问题置于世代交替的环境中进行了考察,研究发现在生命周期内不可保的劳动收入风险会降低家庭投资者在风险资产上的配置份额[35]。Munk 和 Sørensen 的研究也证实,收入风险会对家庭投资者的资产配置产生重要影响[61]。实证研究方面,Heaton 和 Lucas 发现,低收入家庭和收入来源稳定的家庭所持有的风险资产的比重要高于高收入家庭和收入来源不稳定的家庭,劳动收入是家庭资产选择重要的影响因素之一[62]。何兴强等运用中国城镇居民调查数据,实证检验了劳动收入的确定性与持有风险资产之间的关系,最终证实劳动收入的确定性越高,居民持有风险资产的概率就越大[57]。陈莹等则证实随着收入的波动,收入风险与家庭风险资产持有之间呈现非线性关系[22]。

2)交易摩擦

事实上,经典投资理论有关完全市场的假设是不成立的,现实中大多数家庭的资产选择行为都面临着信贷约束、信息不对称和交易摩擦等问题。为此,学术界有针对性地开展了大量研究工作,进一步说明信贷约束、信息不对称和交易摩擦与家庭资产选择之间的关系以及可能的作用机理,以修正扩展经典投资理论进而提高其解释力。由于信贷约束和信息不对称视角下家庭资产选择相关研究的进展将在本章其他部分进行详细说明,因此,本节评述仅涉及交易摩擦视角下家庭资产选择的相关研究。

针对交易成本、税收等交易摩擦因素对家庭资产选择的影响,学术界已经形成共识。Heaton 和 Lucas 认为税收和变动性交易成本会影响投资者资产配置的比例,在其他条件相当的情况下,交易成本或税率较低的资产则更受投资者的青睐[63]。Guiso 等试图从交易成本视角来解释股票市场"有限参与"之谜,研究发现由于信息和交易成本的存在,现实中投资者零成本进入股市的假设根本不成立,以此假设为前提的最优配置方案自然无法实现;事实上,只有在股票投资收益高于税收、信息和交易成本等股市参与成本的情况下,投资者才可能持有股票资产,由于投资者的财富水平与其从股票投资中获利的能力正向相关,因此,投资者是否参与股票投资最终取决于投资者的财富水平,对于财富水平较低的家庭而言,不参与股票市场的选择是明智的[27]。Haliassos 和 Bertaut 基于生命周期储蓄模型的研究发现,在风险厌恶水平较高的情况下,即使很低的信息成本也可能阻碍投资者持有股票资产[64]。Gomes 和 Michaelids 则系统地分析了投资者参与股市所需要支付的成本并做了较为细致的分类(主要包括资金成本、信息成本、效用成本、福利成本等)[28]。Campbell 则将参与惯性也界定为固定成本来解释家庭资产选择行为[3]。Alan、Vissing-Jorgensen 等学者的研究也进一步证明股市参与成本是影响投资者参与股票投资的重要因素[29,65]。

3）其他因素

（1）财富效应

财富对家庭福利的影响是显而易见的，不仅表现在财富可以满足家庭的基本消费需求，还表现在财富能够为家庭带来社会声望和政治权利，可以通过资产配置创造更多的财富。从规范研究的角度来看，财富既可以作为身份象征体现在效用函数中，也可以作为投资和消费的约束性条件体现在预算约束中。已有研究证实，家庭资产配置状况受到自身财富水平的影响。Bertaut 和 Starr-McCluer 以及 Wachter 和 Yogo 研究发现，家庭投资者的市场参与度随着家庭财富的增加而提高[24,25]。Campbell 分析了投资参与度、风险偏好和财富水平三者之间的关系。研究结果显示，投资参与度和风险偏好的提高，会增强家庭积累财富的意愿，而家庭财富的增加反过来又会提升其参与投资的广度并强化风险偏好，从而带来家庭财富的进一步增值[3]。吴卫星等指出与低财富水平家庭相比，高财富水平家庭参与金融市场的可能性更大，资产配置更优[26]。同时，基于收入和资产等家庭财富水平异质性特征的分析还为低收入家庭的“有限参与”之谜提供了很好的解释。Vissing-Jorgensen 指出，股票等金融风险资产投资需要一定的固定成本，由于承受股票投资固定成本的能力更强，因此，与其他家庭相比，较为富有的家庭持有股票等金融风险资产的概率更大，投资组合更为多样化[65]。

（2）生命周期

古典生命周期组合理论认为，投资者是“近视”的，其投资组合并不会随着年龄的增长而改变[13,14]。事实并非如此，由于收入的不确定性，投资者的消费、储蓄以及投资行为在生命周期的不同阶段可能呈现出不同的特征。Diamond 提出了世代交替模型，最早从生命周期角度出发验证了家庭投资组合所呈现出的“年龄效应”[66]。Cocco 等的研究则采用了生命周期模型，研究结果显示，从总体上看，由于受劳动收入波动的影响，在生命周期内家庭投资者的投资意愿大致呈现下降趋势[35]。

值得注意的是，针对生命周期对投资行为的影响，相关实证研究并没有得出统一的结论。吴卫星和齐天祥的研究表明中国家庭投资行为的年龄效应并不明显[67]。该研究的数据来源于奥尔多投资咨询中心投资者行为调查(2015 年)。史代敏和宋艳的研究发现，对于已经购买了股票、储蓄性保险和储蓄存款等金融资产的城镇家庭而言，上述金融资产的结构比例不具有显著的年龄效应[68]。廖理和张金宝也证明投资行为具有显著的年龄效应的推论并不完全符合城镇家庭的实际情况[69]。Guiso 指出，对于家庭投资者而言，随着年龄的增加，风险资本市场的参与比例呈现出“驼峰型”变化，而无风险资产市场的参与比例则呈现出“U 型”变化[27]。吴卫星等的研究则发现，对于股票、外汇、债券、房产以及保险等金融资产而言，家庭投资者的投资行为均呈现出显著的年龄效应，但是，对于其他风险资产投资来说，年龄的影响则并不显著[20]。该研究的数据则来源于奥尔多投资咨询中心投资者行为调查(2007 年)。

(3)社会资本

截至目前，已有文献主要从家庭金融市场参与以及家庭资产配置角度出发，探讨社会资本可能带来的的影响。Hong 等围绕家庭股票市场参与和社会互动之间可能存在的互动机理展开研究，结果显示社会互动主要通过观察学习和兴趣交谈两种方式直接或间接影响家庭股票市场参与决策[30]。李涛则考察了社会互动和信任对金融市场参与的影响，研究发现社会互动会显著提高家庭金融市场参与度[32]。周铭山等的研究也得出了同样的结论[33]。至于社会资本与家庭资产配置之间的关系，Guiso 等的研究表明，社会资本越丰富，家庭参与正规信贷市场的可能性就越高,配置在股票资产上的比重也越大;反之,社会资本越匮乏,家庭使用非正规信贷的可能性则越高[31]。李涛的实证研究指出,社会互动将显著提高家庭投资者投资股票、债券、基金、理财产品和彩票等资产的可能性[34]。

2.2 信贷约束相关研究综述

事实上,家庭投资同时面临两个决策:消费—储蓄决策和投资组合决策,消费—储蓄决策的核心是家庭在消费和储蓄之间的资源分配问题,而投资组合决策的核心则是金融风险资产选择问题。由于自由借贷是家庭能否有效跨期配置资产的决定性因素之一,而现实生活中家庭消费—储蓄决策与投资组合决策是根本无法严格区分开来的,因此,信贷约束可能通过限制家庭在收入变动时跨期配置资产的能力而对金融风险资产选择产生影响。不仅如此,如前文所述,环境异质性事实上是家庭投资组合决策的重要依据,那么,作为家庭投资者必须面对的环境因素之一,信贷约束的状态势必会给家庭金融风险资产选择带来相应的影响。在我国,农村地区的信贷约束问题非常突出,2013 年中国家庭金融调查结果显示,农户的正规信贷可得性仅为 27.6%,有信贷资金需求的农户中,高达72.4%的农户受到信贷约束,其中 62.7%的农户需要资金但是没有到银行申请,9.7%的农户申请了贷款但是被银行拒绝[8]。因此,要清晰地刻画现阶段我国农户家庭资产选择行为的特征,揭示其内在逻辑和深层次的原因,信贷约束的影响显然是无法回避的问题。本节主要从信贷约束的界定与测量、信贷约束对家庭资产选择的影响两个层面,梳理总结与信贷约束相关的文献,为本书下一步的研究提供依据和思路。

2.2.1 信贷约束的界定与测量

如前文所述，社会现象的测量是对社会现象进行实证分析的前提。因此，在实证分析之前，有必要对已有研究中有关信贷约束的测量方法进行回顾和梳理。事实上，在实证研究中如何有效地测量信贷约束始终是个悬而未决的问题[70]。为此，刘西川和程恩江设计出了一个统一的、具有可操作性的、用于研究信贷约束及背后的信贷配给机制的分析框架，将该研究领域的理论分析、调查设计与实证研究有机地整合起来[50]。本书围绕着刘西川和程恩江提出的统一的分析框架，回顾已有研究关于信贷约束的定义以及测量方法。

1）信贷约束的定义

信贷约束（Credit constraint）与信贷配给（Credit rationing）关系密切，以至于许多研究常常将二者当作同义词而交替使用。学术界对信贷约束本质的认识，也是在对如何界定信贷配给问题的持续讨论中逐步深化的，因此，要澄清信贷约束和信贷配给两个概念的联系和区别，揭示信贷约束的本质，自然需要对信贷配给定义的演化过程系统地进行梳理。

事实上，信贷配给研究的核心目标就是探寻作为充足条件使得理性和非限制的贷款人可持续地维持低于市场均衡水平的贷款利率的内在因素[50]。根据学术界对信贷配给形成机理的认知变化，信贷配给定义的演化大致可以归纳为 3 个阶段。

第一阶段，学术界对信贷配给现象的解释，首先是从违约可能性[71]，金融机构与借款人之间的关系[72]以及借款人信用等级[73]等信贷市场的特征开始的，相关研究并未触及信贷配给的真实成因及可能的发生机制。与此相对应，学术界对信贷配给的界定大多都停留在对相关现象的归纳总结上。例如,Willamson 将信贷配给定义为,一定条件下银行或其他信贷机构根据当时的利率水平,限制投向信贷市场的资金数量,致使部分借款人的信贷需求无法获得满足的现象[74]。

第二阶段,随着交易成本、信息不对称以及有效的合约实施机制的缺乏等因素与信贷配给之间的相关性被逐步证实,学术界开始尝试从信贷市场信息分布特征的视角来说明信贷配给的成因及形成机理,对信贷配给的界定自然也进行了相应的调整。由于信贷配给机制还处于"黑箱"阶段,识别验证信贷配给的具体方式及相互间的关系仍然是学术界的首要任务,从信贷需求角度出发系统地说明信贷配给的成因及形成机理的条件还不具备。因此,该阶段学术界对信贷配给的界定依然是从信贷供给的角度作出的,并未考虑需求方面的因素。Baltensperger 认为信贷合约的价格条件以及除贷款数量之外的非价格条件,如担保条款等,都不构成信贷配给的具体方式,如果将借款人的贷款需求无法得到满足的原因归结为利率过高或者缺乏适当的担保,则不能被称为信贷配给,基于此,信贷配给就应该被界定为,在借款人愿意接受任何信贷合约条件的情况下,仍然无法获得所期望的信贷额度的现象[75]。Stiglitz 和 Weiss 在回顾总结前人研究成果的基础上给出了均衡非价格信贷配给的经典定义。该定义将两种情形界定为信贷配给:一是对于同等条件的借款人而言,其中一部分获得了贷款,而另一部分在任何利率条件下也无法获得贷款;二是对于特定借款人而言,信贷供给条件一旦给定,无论信贷市场是否有充足的供给,该借款人均无法再获得更高额度的贷款[76]。Gonzalez-Vega 的研究则发现,由于存在交易成本和信息不对称,利率出清市场的理想状态根本不可能出现,鉴于此,金融机构必须对信贷合约非价格条件(贷款数量和其他条件)做出调整,信贷合约非价格条件因此取代价格条件成为金融机构分配贷款的工具并最终引发信贷配给[77]。基于此,Gonzalez-Vega

给出了明确的信贷配给的定义,即在利率水平确定的情况下,贷款人依据非价格条件分配贷款,导致实际放贷数额未达到可以放贷数额[50]。然而,事实上该定义混淆了信贷配给与数量配给的区别。

第三阶段,学术界逐步认识到上述定义存在的问题并将注意力聚焦于信贷配给机制,即将借款人配给出信贷市场的方式。如果从信贷配给机制的角度来看,上述定义都将数量配给视为唯一的信贷配给方式,如何界定信贷配给的问题事实上演变为如何选择数量配给划分标准的问题,数量配给无形中成了信贷配给的同义词。这种聚焦于数量配给的作法显然过于狭隘[78],无法准确地刻画信贷配给现象及形成机理。进一步探寻信贷配给的其他方式及形成机理,成为当时学术研究持续关注的热点。在此过程中,学术界对信贷配给方式的认识不断深化,对信贷配给的界定开始突破信贷供给视角的限定,信贷配给的定义进一步丰富完善。Jappelli 研究发现,名义信贷需求能否顺利转变为真实信贷需求,不仅取决于信贷可得性,还取决于交易成本的高低[79]。随后,Boucher 等证实了上述结论,进一步确认了交易成本配给的存在,即有名义信贷需求的借款人因为需要支付金融机构所转移的,与甄别、监督借款人以及合约实施相关的交易成本而放弃贷款申请的情形[80]。同时,基于秘鲁农户的微观调查数据,Boucher 证实了数量配给和风险配给的存在,并对二者的内涵做了明确的界定,其中风险配给被定义为:借款人因为信贷合约蕴含的风险过大而自愿退出信贷市场,数量配给则被定义为:尽管借款人存在真实的信贷需求,但是没有进入信贷市场获取贷款的途径[78]。同时,有关信贷配给形成机理的认识也在不断深化,相关研究证实,信贷配给是信贷市场供需双方共同作用的结果,风险规避、认知偏差和需求压抑等需求方自身的因素也可能引发信贷配给[81-83]。基于此,Boucher 等重新对信贷配给进行了分类,大体上包括两类,即供给型信贷配给和需求型信贷配给,其中供给型信贷配给是指金融机构由于信息不对称或者监管机构限制而完全或者部分拒绝借款人借贷申请,需求型信贷配给则是指借款人基于信贷合约包含的交易成本过高、风险过大等主观判断而自愿放弃贷款申请[84]。将信贷配给划分为供给和需求两种类型进一步明确了信贷配给与信贷约束之间的联系和区别,深化了对二者本质的认识。

如前文所述,准确定义信贷配给以及合理划分信贷配给方式,是澄清信贷配给与信贷约束之间的联系和区别,充分认识信贷约束本质的前提。刘西川和程恩江系统地总结了信贷配给机制最新的研究进展,凝炼出相关共识性的观点以及对于实证研究的意义。该研究指出:第一,信贷配给和信贷约束是两个完全不同的概念,其中信贷配给是贷款人愿意放贷与能够放贷数额之间的差距,信贷约束则是贷款人发放的贷款长期无法满足借款人的实际信贷需求,而相关合约条件也未出现任何改善的迹象[50];第二,从本质来看,二者都是对利率无法出清市场现象的刻画,但是,由于出发点和侧重点不同,信贷配给是从贷款人的角度出发,本质上反映的是信贷市场信息不对称的程度,而信贷约束则是从借款人的角度出发,本质上反映的则是借款人真实的借贷意愿,也就是说,信贷约束是否存在,在多大程度上存在,是供需双方共同作用的结果,相关判断标准必须包含借款人的实际借贷需求[50];第三,信贷配给与信贷约束两个概念对于实证研究具有不同的意义,由于贷款人愿意放贷数额和能够放贷数额的信息非常稀缺,直接衡量信贷配给几乎是无法完成的任务,因此,学术界更关心信贷约束问题,学术研究中更多的是采用信贷约束概念来解释相关现象[1]。

2)信贷约束的测量方法

实证研究中,概念的测量方法的标准化具有十分重要的意义,是不同情境间高质量知识传播、相关研究成果稳健性检验的前提和保证。然而，信贷约束测量方法长期以来存在较大争议，因此，有必要对现有信贷约束的测量方法进行系统的回顾，梳理相关共识和分歧，明确信贷约束测量方法标准化的进程以及可能的路径，为本书后续的实证研究设计寻求方法论上的支持。

由于还未认识到信贷约束与信贷配给之间的关系，早期相关研究通常将已经发生的借贷行为作为衡量是否存在信贷约束的唯一标准，只要未获得贷款，无论出于何种原因即被视作存在信贷约束[85-86]。作为信贷约束评价理论的起点，该方法的意义不言而喻，但是，由于设计思路过于简单，也存在诸多缺陷，根本谈不上标准化的问题。该方法的缺陷主要表现在两个方面：一是根据所观察的贷款交易数额无法推断出信贷配给机制[78]；二是信贷约束的衡量标准过于宽泛，无法准确反映信贷约束的现实状况，据此提出的相关对策建议的科学性、针对性以及可操作性也因此大打折扣[87]。

之后，随着对信贷约束现象发生及机制的认识逐步深化，学术界开始尝试从不同侧面界定与测量信贷约束，力求准确反映信贷市场的真实状态，信贷约束的测量方法呈现多样化态势，为信贷约束测量方法实现标准化奠定了坚实的基础。Diagne 等回顾了该演化过程并提出了经典的信贷约束测量方法的分类标准，即直接测量法和间接测量法。截至目前，该分类标准仍然有效[88]。因此，本书借鉴上述分类标准，分别介绍几种具有代表性的信贷约束测量方法。

首先简单地介绍一下间接测量法的基本情况。对于间接测量法而言，最大的特点就是强调将信贷约束引发的一系列后果作为评判信贷约束是否存在的唯一标准。截至目前，学术界所认同的评判标准及对应的测量方法主要有三种，分别是 Zeldes 所创建通过检验是否违背生命周期假说或永久收入假说来评判是否存在信贷约束[89]、Sial 和 Carter 所创建通过比较资金影子价格与信贷资金成本来评判是否存在信贷约束[90]、Banerjee 和 Duflo 所创建通过考察生产活动是否随信贷可得性而变化来评判是否存在信贷约束[91]。其中使用最广的评判标准及测量方法是检验是否违背生命周期假说或永久收入假说。该方法的前提假设是如果不存在信贷约束,短暂的收入波动不会对消费产生影响,即生命周期假说或永久收入假说,基于此,只需检验收入波动与消费变化间的关系便可对信贷约束作出判断[92]。事实上,信贷约束并非生命周期假说或永久收入假说唯一的扰动因素,收入波动是否引发消费变化,同时还受到家庭或个人的预防(或谨慎)行为、当期收入以及期初资产状况等因素的影响,基于该假说检验结果所得出的判断并不完全可靠[93]。此外,间接衡量方法还存在一个共同的问题,由于缺乏信贷配给机制识别程序,通过该方法根本无法定位特定家庭或个人承受信贷约束的根本原因。

随着对信贷约束以及间接测量法的认识不断深化,直接测量法逐步被学术界认同并广泛应用于相关研究[9,38,50,94-97],信贷约束测量方法标准化的进程因此前进了一大步。之所以称之为直接测量法,主要原因是该方法在判断是否存在信贷约束时,直接将通过特定手段获取的家庭或个人参与(或曾经参与)信贷市场的经验信息作为唯一的标准[50]。该方法由 Jappelli 和 Feder 等创建[79,98],经 Zeller、Barham 等、Mushinski 拓展细化[94-96],在风险中性假设条件下,直接衡量是否存在信贷约束的路径基本确立,主要包含以下三个方面的内容:一是评判信贷约束存在与否的唯一标准是通过问卷调查或访谈等方式获取的与借款人信贷市场参与相关的信息;二是根据是否承受信贷约束,借款人大致可以分为三类,无信贷约束借款人、部分信贷约束借款人和完全信贷约束借款人;三是无贷款经历者分为自我实施配给和对贷款不感兴趣两类,其中对贷款不感兴趣的无贷款经历者由于本身没有信贷需求自然不存在信贷约束问题,但是,自我实施配给者则不同,其本身有信贷需求,只是因为担心贷款申请可能会被拒绝而未明示信贷需求,从本质上讲,自我实施配给者也受到信贷约束,而且与数量配给者遇到的情形类似,可以归为一类。但是,根据经验判断,借款人风险中性的假设不可能适用于一切情境,对于发展中国家的农村地区而言,借款人风险厌恶的假设应该更加贴近现实。由于风险厌恶型借款人大多倾向于选择收入相对稳定或者保险条款相对完善的合约,在贷款人将借款人提供财产抵押作为贷款分配先决条件的情况下,根据已有测量方法将自我实施配给者归入数量配给或价格配给显然是不合常理的[50]。因此,Boucher 认为,有必要再增加两种信贷配给类型,即交易成本配给和风险配给,并提出了风险厌恶假设条件下的六种信贷配给类型[78],表 2.1 列出了六种信贷配给机制及识别分类标准。刘西川和程恩江进一步将信贷配给机制划分为供给型信贷配给和需求型信贷配给,其中,供给型信贷配给包括部分数量配给和完全数量配给,必须强调的是,自我配给(主观认为贷款申请被拒绝概率很大而未申请贷款的情形)也被纳入完全数量配给范畴,需求型信贷配给包括交易成本配给和风险配给;此外,无论是供给型信贷配给,还是需求型信贷配给,价格都不再是借款人被配给出信贷市场的决定性因素,因此,尽管信贷约束也划分为供给信贷约束和需求信贷约束两大类,但不再包括价格配给借款者;以此为依据,刘西川和程恩江提出了按照不同信贷配给方式对超额信贷需求进行分类的研究思路,以识别和衡量信贷约束及背后的信贷配给机制[50]。

表 2.1　Boucher 创建的信贷市场配给机制识别分类标准

Table 2.1 The Criteria for Identification and Classification of Credit Rationing Mechanism Developed by Boucher

配给类型	识别分类标准
借贷型价格配给	申请贷款且得到全部申请数额的贷款
部分数量配给	申请贷款但只得到了申请数额的一部分
完全数量配给	申请贷款被拒绝或主观认为贷款申请被拒绝的概率较高而未申请贷款
未借贷型价格配给	因利率太高而没有申请贷款
风险配给	担心失去抵押而没有申请贷款
交易成本配给	因交易成本太高而没有申请贷款

资料来源:刘西川和程恩江[50]

综上所述,Zeller、Barham 等、Mushinski、Boucher、刘西川和程恩江的研究是一脉相承的,针对信贷约束测量问题,研究思路与上述信贷配给概念的扩展相匹配[94,95,96,78,50]。根据上述研究可知,对于直接测量法而言,获取信贷合约条件是其顺利实施的前提,基于合约条件将供求双方纳入信贷约束的分析框架,则是其测量精度的保证。

2.2.2　信贷约束对家庭资产选择的影响研究

作为家庭投资者,可能面对的环境因素,信贷约束势必对家庭资产选择产生直接的影响。截至目前,大量研究发现信贷约束对家庭持有风险资产的概率以及持有比例会产生显著的负向影响。Paxson 发现不同类型信贷约束对家庭资产选择的影响不同,其中外生性的信贷约束对家庭持有流动性资产的数量有显著正向影响,而内生性的信贷约束的影响则不显著[99]。Deaton 认为信贷约束背景下,家庭对流动性资产的需求会增加[92]。Guiso 等则以意大利家庭为例,证明了承受信贷约束的家庭所持有的非流动性资产和风险资产在总资产中所占的比例明显低于未承受信贷约束的家庭,需要说明的一点是,该结论的前提假设是信贷市场一定存在交易成本[100]。Storesletten 等的研究则发现,在生命周期一般均衡模型中,通过引入信贷约束等变量可以较为合理地解释股权溢价之谜[101]。Haliassos 和 Hassapis 将信贷约束分为基于收入和基于资产抵押两类,并分析了二者对财富积累、资产配置和预防性储蓄动机的影响[102]。鉴于股票收益与劳动收入相关性很低,Constantindes 等利用代际交叠模型证明,在受到信贷约束时,为了分散未来劳动收入降低的风险,相对于中年人而言,年轻人参与股票投资的可能性更大[36]。Cocco 等证明承受信贷约束的家庭会减少预防性储蓄[35]。周京奎的研究发现,相对于未承受信贷约束的家庭而言,承受信贷约束的家庭购买或持有住房资产的概率更低[103]。王聪和田存志认为信贷约束与股市参与负相关[37]。尹志超等的研究则发现金融可得性的提高,将降低家庭在非正规金融市场配置资产的可能性,考虑到中国城乡和区域之间存在较大差异,该研究比较了城乡和不同区域之间的结果后发现,农村和中西部脱贫地区家庭的资产选择行为受金融可得性的影响更大[39]。段军山和崔蒙雪研究发现,对于受到信贷约束的家庭而言,持有房产、股票和商业保险的概率均有显著下降,但是,对上述风险资产市值的影响均不显著(房产除外)[40]。

2.3 金融素质相关研究综述

随着金融社会化趋势的不断推进,家庭投资决策的合理审慎程度日益受到社会的关注[104,105],系统地阐释家庭投资决策的影响因素、机理机制以及可能的干预措施已成为理论界和实务界亟待解决的问题。金融素质是家庭投资决策重要的影响因素[106]，金融素质越高，家庭投资者主动参与投资市场的概率越大，错误决策的概率越低，抵御风险的能力也就越强[107]。因此，从金融素质视角出发，深入解析金融素质对家庭投资决策的影响及作用机理，自然成为上述问题中最关键的一环。目前，针对金融素质和金融教育相关问题，高收入国家在理论和实践层面已经做了一定程度的探索，金融素质理论的基本框架也已初步建立。然而，从总体来看，金融素质理论尚处于前范式阶段，在金融素质测量、金融教育效果评价等问题上至今还未取得共识，完备的金融素质理论体系还未建立[107]。本节主要从金融素质的界定与测量、金融素质对信贷约束的影响、金融素质对家庭资产选择的影响三个层面，梳理总结与金融素质相关的研究，为本书下一步的研究提供依据和思路。

2.3.1 金融素质的界定与测量

针对金融素质的研究起步很晚，正如 Lusardi 和 Mitchell 所讲，直到本世纪初，几乎还找不到将金融素质作为独立变量纳入分析过程的相关研究[108]。对于金融素质的界定与测量，学术界在概念模型的建构、测量工具的设计、外延界限的确定等方面均存在诸多分歧，还没有公认的界定与测量方法。因此，要深刻认识金融素质的本质，探寻最适宜的金融素质界定与测量方法，精确地定位上述分歧，细致地梳理相关解决路径并清晰地呈现已达成的共识显然是无法回避的技术环节[107]。

1）界定与测量金融素质存在的分歧和挑战

针对金融素质的界定与测量，Huston 和 Hung 等的研究分别系统地进行了梳理和总结，明确指出金融素质界定与测量面临三大挑战[109,110]。所谓三大挑战分别是：第一，相关研究对金融素质的界定各有侧重，与金融知识等相关概念的界限也不明确，统一的金融素质的定义还不存在；第二，相关研究所采用的金融素质测量工具的问题也不尽相同，测量工具缺乏统一的内容；第三，相关研究在数据收集、指标评级等方面也各不相同，测量过程缺乏统一的操作规范[107]。

对照上述三大挑战的论述，郭学军等对近期公开发表的相关文献进行进一步梳理分析后指出，就目前的研究现状而言，金融素质的界定与测量依然面临上述三大挑战，化解这些挑战，构建普适性的标准化测量工具依然是未来一段时期金融素质测量研究的着力点[107]。

首先来看金融素质的定义。郭学军等指出，针对如何定义金融素质，尽管近年来学术界已经形成了一些共识，但是，依然有足够的理由证明统一的金融素质的定义还不存在[107]。其中一个原因是金融素质与金融教育、金融知识、认知能力等相关概念的界限还没有清晰地划定，简单地将金融知识等概念视作金融素质同义词的作法在许多研究中依然存在[21,42,48,106,111-116]。此外，正是由于金融素质研究起步较晚，针对已有界定与测量方法的论证大都不够充分，测量结果的有效性也缺乏基于不同情境微观数据的实证检验，相关界定与测量方法还未在学术界形成共识，成为通说的基本条件还不具备[118]。其中，德国和奥地利两国因为对如何界定与测量金融素质有不同看法，而缺席经合组织（OECD）组织实施的 2012 年度跨国青少年金融素质调查[119]，就是最好的例证。

其次来看测量工具的内容。一方面，从公开发表的文献来看，金融素质测量工具应该包含哪些问题，至今学术界还没有统一的认识[107]。近期与金融素质相关的研究大致可以分为两类，一类采用的金融素质测量工具由 Lusardi 和 Mitchell 创建，包括与金融知识（初级）相关三个经典测试问题，分别涉及复利计算、通胀认知和风险意识，此类研究占有较大比重[120]；另一类所采用的金融素质测量工具则不尽相同，内容均突破了初级金融知识的限制，开始涉及高级金融知识，甚至是金融行为、金融态度等领域[42,121-123]。另一方面，同样从公开发表的文献来看，尚无资料能够证明相关金融素质测量工具的内容已经过严格测试，客观上尚无任何一种金融素质测量工具具备成为通说的可能[124]。

最后来看测量过程的操作规范。郭学军等指出，尽管经合组织（OECD）注意到了标准化操作规范在金融素质测量过程中的重要性，并且率先开始尝试对金融素质测量过程中的各主要环节做出详细的说明和规定，但是，由于该组织所构建的金融素质界定与测量方法至今未获得普遍认同，要解决测量过程的操作规范不统一的问题也就无从谈起了[107]。

2）界定与测量金融素质达成的共识和解决方案

如前文所述，正是因为尚不存在公认的标准化金融素质界定与测量方法，在精确定位相关分歧的基础上，细致梳理不同解决路径已达成的共识，便成为后续研究的起点或依据[107]。因此，本章将围绕上述三大分歧，简要说明相关解决方案及可能存在的共识。

（1）金融素质的界定

针对已有金融素质定义存在的问题，学术界进行了深入的解析，提出了建设性的解决方案，并以此为基础构建了全新的金融素质概念模型及相应的定义，其中最具影响力和代表性的分别是 Huston、Hung 等以及经合组织（OECD）的相关研究[109-110,123,125]。对此，郭学军等系统地梳理了三者所提出的概念模型及相应的定义的异同，并据此对相关共识性的观点和做法进行了总结[107]。

首先，关于金融素质的界定，学术界已达成两项共识：第一，尽管 Huston、Hung 等以及经合组织（OECD）三者所提出的概念模型及相应的定义各有侧重，不尽相同，但是，无论是 Huston 的两维论（金融素质等于理解能力与应用能力之和(见图2.1))、Hung等的三维论(金融素质等于知识、技能与运用上述知识技能的能力之和,见图2.2),还是经合组织(OECD)的三维论(金融素质等于金融知识、金融行为与金融态度之和),都有一个共同的出发点,即作为结构性概念,金融素质应当由多个维度构成的。据此,郭学军等指出,采用多维度宽口径方式刻画金融素质,应该是后续研究共同遵循的一个基本原则,从操作层面来讲,至少应该包含知识和技能2个维度[107]。第二,同样比较上述三者所提出的概念模型及相应的定义发现,金融素质均被视作个体所掌握的综合能力,该项能力与个体福利密切相关。可见,作为与金融知识、金融教育、计算能力、决策能力等完全不同的概念,金融素质是人力资本的重要组成部分,是个体在特定时期所掌握的金融知识、技能等构成的综合能力,该能力与个体投资决策的合理审慎程度,乃至终生财务安全密切相关[107]。

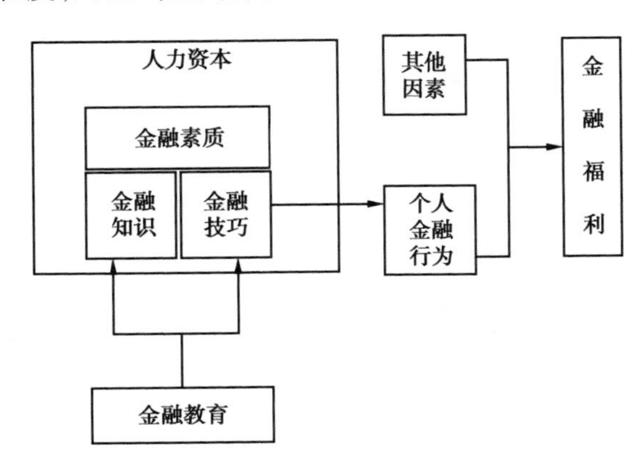

图2.1 Huston构建的金融素质概念模型(资料来源:Huston[109])

Figure 2.1 The Conceptual Model of Financial Literacy Developed by Huston(Sources of data: Huston[109])

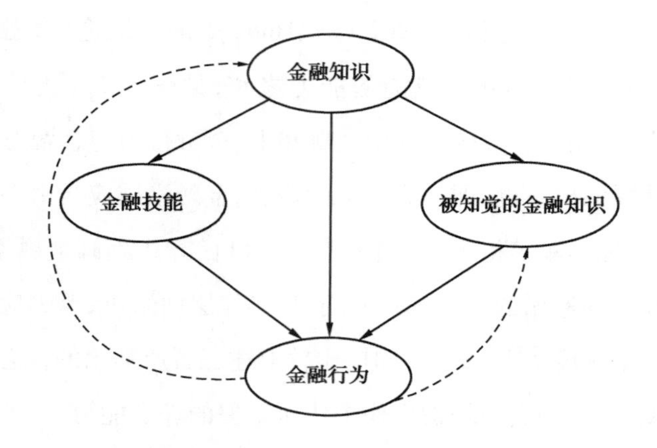

图 2.2 Hung 等人构建的金融素质概念模型(资料来源:Hung et al.[110])

Figure 2.2 The Conceptual Model of Financial Literacy Developed by Hung et al.

(Sources of data: Hung et al.[110])

(2)金融素质的测量工具

截至目前,从建构原则、建构方案以及相关注意事项等环节全面系统地阐释金融素质测量工具建构的研究主要有三项,分别来自 Lusardi 和 Mitchell、Huston 以及经合组织 OECD[108,109,123],。

Lusardi 和 Mitchell 最早提出了简洁(Brevity)、易懂(Simplicity)、相关(Relevance)和可分辨(Capacity to differentiate)的原则,并据此开发了由通胀认知、风险意识和复利计算三个测试问题组成的金融素质测量工具[108]。随着该工具在后续研究中被广泛应用[21,42,48,106,111-117],Lusardi 和 Mitchell 提出的金融素质测量工具的建构原则也逐步被学术界接受。

针对学术界在金融素质测量问题上存在的不足,Huston 创建了全新的多维度金融素质测量工具设计理念和原则[109]。鉴于金融素质的多维度特征已逐步被学术界所接受,因此,Huston 提出的设计理念和原则同样在学术界产生了较大影响。尽管由于统一的定义还不存在,再加之不同情境下的特殊诉求,学术界对上述设计理念和原则还有诸多不同看法,甚至有文献尖锐地指出根本不存在能够适用于所有情境的金融素质测量工具[119,126],但是,还是有部分原则已经在学术界引发了共鸣。具体来说,主要有两项:一是,金融素质测量工具应当由不同维度的多个测试问题组成,而这些测试问题则应该与投资主体理财过程中较为常见或者影响较大的偏误有关;二是,金融素质测量工具所包含的测试问题的数量,需要依据 Kim 和 Mueller 提出的经验法则来确定,即所选择测试问题的载荷均为有效的前提下,单个特定测试内容所需要的测试问题不能低于3个[107]。

基于上述研究,经合组织(OECD)开始尝试构建普适性金融素质测量工具,并提出了相应的设计原则和具体实施方案,其中一部分是对原有共识性原则的重申或补充,另一部分则构成了全新的原则,并逐步被学术界所接受。郭学军等对此也进行了细致的梳理,分别从测量工具的内容、测量问题的选择等方面列举了相关论述:第一,金融素质测量应当采用多维度宽口径的标准,对于家庭投资者而言,测量工具的内容应该涵盖日常财务管理、收支计划编制、金融理财产品选择以及对投资理财活动的熟悉程度等内容;第二,选择测试问题应当遵循三个标准,即已被证明高质量且无偏、已被用于国家层面的调查、与被测试内容相关;第三,将测量工具应用于不同情境之前,应当根据具体情境的特殊要求对相关测试问题进行适当的调整[107]。

(3)金融素质的测量过程控制

测量过程控制是保证一切测量结果真实客观的前提。但是,就金融素质的测量过程控制而言,目前还没有哪项研究能够给出较为系统的论述,相关论述大都散布在不同文献中,所关注的焦点则主要集中在测量过程标准化和测量误差控制的某个或某几个环节。其中有关如何实现测量过程标准化问题的代表性研究成果主要来自 Huston、Ciemleja 以及经合组织(OECD)[109,123,125,127-128],至于测量误差控制问题,相关论述则主要来自 Rooij 的研究[42]。

对于测量过程标准化问题的相关论述,郭学军等做了进一步的整理和分类,并提炼了部分共识性的观点:第一,Huston 试图通过揭示测量工具的措辞设计、结构安排等方面应当遵循的一般性原则,说明金融素质测量过程标准化的路径,在梳理总结相关研究后得出了一项共识性原则,即测量过程标准化的前提是测量工具所包含的测试问题的措辞和顺序安排的一致性;第二,经合组织(OECD)则指出,对于金融素质而言,测量过程的控制还涉及测量工具的情境化问题,据此,该组织得出了又一项共识性原则,即情境化是测量工具适用于特殊情境不可或缺的前置程序,但是,其前提是必须确保调整后的测量工具在语义及难易程度上与原测量工具保持一致;第三,针对情境化的具体路径,Ciemleja 等提出的具体做法值得后续研究者参考借鉴[107]。

对于测量误差控制问题,Rooij 等人分别从措辞误读的防范、内生性问题的规避等方面梳理总结了学术界一些通行的做法,并据此提出了金融素质测量过程中误差控制问题应当遵循的基本原则:第一,测量工具的设计,必须预先对措辞不当引发的“噪声替代”问题以及某些回答选项的缺失可能造成的误差作出评价,为进一步修正测量工具提供科学依据;第二,测量工具的设计,必须为必要的工具变量预留相应的空间,以控制内生性问题可能引起的误差[107]。

2.3.2 金融素质对家庭资产选择的影响研究

已有研究主要从家庭投资决策、信贷决策、储蓄与养老规划三个层面来探讨金融素质对家庭资产选择的影响。

1）家庭投资决策层面产生的影响

从家庭投资决策层面考察金融素质可能产生的影响，绝大多数研究所关注的都是不同情境下金融素质与家庭金融风险市场参与及资产配置的互动关系，所得出的结论也基本一致，即金融素质高的家庭参与金融风险市场的概率越大，资产配置多样化的程度越高。

Hastings 和 Ashton 将金融知识视为金融素质的同义词，指出缺乏投资理财相关知识以及数学计算能力会导致投资者做出次优的甚至拒绝参与投资的决策[129]。Calvet 等基于瑞典家庭调查数据，证实了金融素质与持有家庭风险资产存在很强的正相关关系[43]。该研究构建了由投资多样化、投资惯性、卖涨买跌三个层面相关知识组成的金融知识评价指标体系，将金融知识评价识别范围扩展到更加专业的领域。Rooij 等基于荷兰家庭调查数据的研究发现，家庭金融素质越低，持有股票的可能性越小[42]。尽管金融知识在该研究中依然被视为金融素质的代名词，但是，该研究首创的由初级金融知识和高级金融知识两个模块组成的金融知识测量工具，则大大提高了金融知识评价体系的识别精度。此外，Klapper 等指出对于俄罗斯家庭而言，金融素质与家庭金融市场参与程度正相关[130]。Goetzmann 和 Kumar 则发现投资组合缺乏多样性的美国家庭主要集中在年轻、低收入、教育水平低、缺乏投资经验的家庭，而此类家庭均缺乏金融知识[44]。需要指出的是，关于金融素质测量问题，二者也未实现突破，所采用的测量工具仅包含金融知识单个维度的相关问题。相比之下，由于缺乏详实的家庭金融微观数据，国内有关金融素质与家庭资产选择互动机理的研究比较有限。尹志超等从金融市场参与及参与深度两个角度考察了金融知识对家庭资产选择的影响，研究发现金融知识对家庭金融市场参与及参与深度有显著的正向影响[21]。曾志耕等指出金融知识对家庭投资组合的多样性有显著正向影响[48]。以上研究采用的数据均来自于西南财经大学组织实施的历次中国家庭金融调查。胡振和臧日宏基于中国城镇居民消费金融调查数据的研究证明,家庭金融教育投入对风险资产持有比重的影响呈先上升后下降趋势,中间分位要大于两端,而风险态度对家庭金融资产组合分散化程度则有显著的负向影响[49]。

此外,部分研究则将关注点聚焦在金融素质影响家庭金融市场参与决策的内在机制。Christelis 等研究发现,金融素质至少通过三种途径影响投资者股市参与决策:第一,通过改变投资者获取相关信息的成本影响投资者股市参与决策;第二,通过改变效用函数的曲率影响投资者股市参与决策;第三,通过影响投资者的信息处理能力进而影响投资者股市参与决策[131]。

2)家庭信贷决策层面产生的影响

从家庭信贷决策层面考察金融素质可能产生的影响,相关研究主要关注过度负债、高成本负债等次优决策的成因问题。目前,已经证实,金融素质低下是家庭次优决策的重要诱因,家庭金融素质水平的提高将有效降低此类问题发生的概率。Miles 和 Klapper 等学者分析了金融素质与过度借贷之间的关系,指出由于缺乏相关知识,金融素质较低的投资者可能由于误读合同条款而轻信包含“引逗利率(teaser rates)”的消费信贷产品,从而增加过度负债的概率[130,132]。Stango 和 Zinman 发现,部分家庭由于存在低估贷款的实际成本和未偿还债务的最终数额等认知上的偏差,而陷入被动[45]。Disney 和 Gathergood 以英国负债家庭为样本,将金融素质纳入家庭无抵押债务市场研究,验证了 Stango 和 Zinman 的观点,结果显示金融素质低的家庭，过度使用成本较高的信用产品的概率较大，而金融素质高的家庭则能有效的控制消费信贷风险[133]。Huston 也发现金融素质较低的投资者所选择的信贷产品的借贷成本更高[46]。孙光林等基于 2016 年新疆地区农户调查数据的研究表明，农户金融知识水平的提高会显著提升还款意愿和还款能力（相对于还款能力，金融知识对还款意愿的影响更大），进而降低发生信贷违约行为的概率[134]。同样，需要指出的是，对于金融素质测量问题，上述研究所采用的依然是从金融知识单个维度来衡量金融素质的方法。

3）储蓄和养老规划层面产生的影响

从储蓄和养老规划层面考察金融素质可能产生的影响，相关研究所关注的焦点是家庭养老规划缺失。目前，诸多研究已经证实金融素质与家庭养老规划显著正相关。Lusardi 和 Mitchell 的研究首次提及金融素质对养老规划的影响，指出金融素质较低的家庭统筹规划养老的可能性较小[106]。随后，Lusardi 和 Mitchell 进一步指出，金融素质还可能通过引发家庭或个人财务状况的变化来影响投资、消费和养老规划方面的决策[111]。Klapper 等的研究表明，尽管俄罗斯与美国处于不同发展阶段，但是金融素质与家庭养老规划以及养老基金等金融产品投资行为显著正相关的结论都得到两国经验数据的支持[41]。同时，该研究发现农村地区居民较少投资个人养老产品。Sekita、Hastings 和 Mitchell、Beckmann 及 Arrondel 等学者的研究分别证明在日本、墨西哥、罗马尼亚和法国，金融素质对家庭或个人养老规划有非常显著的正向影响[112,113,115,116]。值得注意的是，上述研究事实上都将金融素质视为金融知识的同义词，金融素质测量均采用 Lusardi 和 Mitchell 设计的由复利计算、通胀认知以及风险意识三个问题构成的测量工具。当然，部分研究也提出了不同观点。Ameriks 等认为家庭养老规划与财富水平和受教育程度等因素的关系更为密切[135]。

2.3.3 金融素质对信贷约束的影响方面的研究

信贷需求方自身的因素是引发信贷约束的重要原因[82]。基于此,已有研究将金融素质引入信贷约束成因分析,进一步证实金融素质是信贷约束的重要诱因。Davidsson 研究发现,伴随着金融知识水平的进一步提升,借贷人的信贷需求和还贷能力也将随之提高,承受信贷约束的概率则随之降低[136]。Cole 等发现,教育可以显著增加投资收益与退休储蓄,受教育程度高的人信用评分更高、赊账与破产的可能性更低[137]。Sevim 等指出与金融知识水平相对较低的消费者不同,金融知识相对丰富的消费者很少出现过度借贷现象,实施金融教育可以有效地降低消费者过度借贷,保护其权益不受损害[138]。杨宏力证实,我国农村长期存在的耻于借贷的传统以及特殊金融体制的限制,导致农户与正规金融机构之间信息不对称,最终引发农民贷款难[139]。王翼宁和赵顺龙则开始尝试从信贷需求方角度,探寻信贷约束的成因,研究发现对于农户而言,是否承受信贷约束不仅取决于金融机构(信贷供给方)所施加的限制,农户(信贷需求方)对于信贷产品的认知偏差以及相应的行为偏差也是信贷约束重要的诱因[83]。马双和赵朋飞则直接将金融知识变量引入信贷约束成因分析,利用中国家庭金融调查数据实证检验了二者之间的互动机理,结果显示对于样本家庭而言,是否承受信贷约束取决于自身所掌握的金融知识的多寡,二者间存在显著的负相关关系[117]。张号栋和尹志超同样利用中国家庭金融调查数据研究证实,金融知识对家庭投资类产品排斥和融资类产品排斥均有显著的负向影响,其中对家庭投资类产品排斥的影响更大[140]。宋全云等则进一步探讨了金融知识对家庭信贷行为的影响,研究证明金融知识水平的提高将提升家庭正规信贷需求,并激发家庭申请贷款的积极性，金融知识水平越高，家庭正规信贷可得性越高，承受信贷约束的概率越低[141]。

2.4 文献评述及对本书的启示

总之，针对本书的研究主题，已有研究采用不同的理论方法，从不同视角已经进行了卓有成效的探索，对本书研究内容的确定、研究思路的设计以及研究方法的选择具有重要的参考价值。主要体现在以下几点：

第一，从文献回顾的第一部分可以看出，相关研究揭示了现实中家庭资产选择行为与经典投资理论之间存在的偏差及形成的原因。股票市场“有限参与”之谜等家庭金融谜团的出现，引发了学术界的反思，如何破解这些金融谜团，弥合经典投资理论模型和家庭资产选择的经验证据之间存在的偏误成为家庭资产选择研究的重要视角。进一步研究发现，影响家庭资产选择的因素很多，财富水平、知识水平、家庭结构等投资者的异质性特征以及背景风险、市场不完全等环境的异质性特征都会对家庭资产选择行为产生影响，在特定条件下都可能成为股票市场“有限参与”之谜等家庭金融谜团的诱因。此部分通过回顾梳理相关研究成果，为本书研究对象的选择、研究目标的确定以及实证检验金融素质、信贷约束和家庭资产选择之间共变关系的控制变量的选取与测量提供了思路和依据。

第二，从文献回顾的第二部分可以看出，对于实证研究而言，信贷约束和信贷配给具有不同的意义，尽管在解释相关现象时学术界更倾向于使用信贷约束概念，但是，由于讨论信贷约束的落脚点是在控制住信贷需求的基础上探寻借款意愿未得到有效满足的原因，而引入信贷配给的不同方式有助于厘清其中的因果关系，因此，在考察信贷约束问题时，应当坚持既强调从借款人信贷需求出发，又充分重视信贷配给的不同方式的原则[1,50]。基于对信贷约束本质的认识不断深化，直接衡量法逐步被学术界认同而被广泛应用于相关研究。鉴于对借款人风险中性和风险厌恶假设条件的不同，信贷约束直接衡量方法的思路大致分为两类，二者的区别主要表现在对信贷配给方式以及超额信贷需求的分类标准。根据经验判断，对于发展中国家农户而言，风险厌恶假设应该更加贴近现实。因此，对于信贷约束的测量，本书大体上遵循 Boucher 以及刘西川和程恩江提出的直接衡量信贷约束的基本思路，该思路以风险厌恶假设为前提[78,50]。此部分通过回顾梳理相关研究成果，为有效测量信贷约束概念提供了思路和依据，是本书开展实证分析的前提和基础。

第三，从文献回顾的第三部分可以看出，已有研究界定与测量金融素质的思路与方法不尽相同，金融素质测量依然面临缺乏统一的定义、缺乏统一的测量内容、缺乏统一的操作规范三大挑战，公认的标准化金融素质测量方法还不存在。但是，就如何应对这些挑战已经取得了下列共识：一是金融素质应当被视作人力资本的重要组成部分，是个体在特定时期所掌握的知识、技能等构成的综合能力，该能力与个体终生的财务安全密切相关；二是金融素质的界定与测量应当采用多维度宽口径的标准，从操作层面来讲，至少应该包含知识和技能两个维度，测量工具的内容则应该涵盖日常财务管理、收支计划编制、金融理财产品选择以及对投资理财活动的熟悉程度 4 类问题；三是对于金融素质而言，测量工具的标准化是相对的，情境化是测量工具应用于特殊情境不可或缺的前置程序；四是针对金融素质的测量过程应当制订详细的操作规范和误差控制原则[107]。此部分通过回顾梳理相关研究成果，为有效测量金融素质提供了思路和依据，同样构成了本书开展实证分析的基础。

第四,从文献回顾的第二、第三部分可以看出,金融素质、信贷约束以及家庭资产选择之间的关系及作用机理是目前家庭金融研究的前沿热点问题,当下学术界有关三者之间共变关系的共识性结论,还有待不同情境下微观数据的进一步验证和拓展。此部分通过回顾梳理相关研究成果,为本书研究方案的制订,特别是研究方法的选择,技术路线的确定以及实验方案的设计提供了思路和依据。

综上所述,已有研究对金融素质、信贷约束与家庭资产选择之间的互动机理已进行了较深入的探索,为本书研究思路与研究框架的构建提供了坚实的理论基础,基于此,本书将从以下几个方面开展研究工作,以推进相关理论的发展。

首先,在家庭资产选择研究方面,已有研究分别探讨了金融素质和信贷约束对家庭资产选择的影响及作用机理,但是,将金融素质、信贷约束及家庭资产选择置于同一分析框架,对三者之间共变关系的研究还不多见,由于三者之间共变关系,无论对政府政策的制定,还是金融机构管理和产品的创新以及家庭资产配置的优化,都具有重要的参考价值,亟待学术界和实务界深入地探讨和研究。因此,本书提出从金融素质视角出发,在信贷约束背景下,探讨经典投资理论和家庭资产选择的经验证据之间的偏误形成的更深层次原因,进一步优化扩展家庭资产选择理论模型,提高对客观现实的解释力。

其次,已有研究大多将金融素质(Financial literacy)与金融知识(Financial knowledge)视为同义词,所采用的测量工具也只包含金融知识维度的内容,部分国内文献更是直接将金融知识作为家庭资产选择研究的解释变量。尽管目前还没有公认的金融素质的定义和测量工具,但是,将金融素质视为个体在特定时期掌握的与投资相关的知识和技能所构成的综合能力,学术界已有共识[107]。将金融素质视作金融知识的同义词,仅从金融知识维度刻画金融素质，显然不足以涵盖个人投资理财所需的人力资本的全部内容，势必影响相关研究成果对客观现实的解释力，因此，在后续研究中需要进一步优化金融素质的测量评估方法，提高测量精度。本书之所以采用经合组织（OECD）开发的金融素质测量评估体系，一则力求全面地刻画金融素质概念，进而更为准确地反映金融素质与信贷约束以及家庭资产选择之间互动机理，二则希望进一步检验该测量评估体系的有效性。

最后，在我国，由于存在巨大的城乡和区域差异，城镇和农村以及不同区域家庭的金融素质水平、所面临的金融市场环境以及上述因素作用下的家庭资产选择都存在很大的不同，要真实客观地反映我国家庭资产选择的现状及成因，有赖于对不同区域城乡家庭的细致观察和分析，然而，已有研究大多以城镇家庭为研究对象，相关研究成果未必完全适用于农户，尤其是西部脱贫地区农户。因此，本书以西部脱贫地区农户为研究对象，从金融素质视角出发探寻西部脱贫地区农户家庭资产选择的异质性特征及成因，为推进普惠金融发展提供全新的视角和路径。

2.5 小结

本章从资产配置视角下家庭金融理论的演化、金融素质以及信贷约束的界定与测量及影响三个方面梳理总结了相关理论研究的进展及不足，为本书研究对象的界定、研究目标的确定、研究方法的选择，技术路线的设计以及实验方案的制订提供了思路和依据，是本书借以立论的前提条件。

3

理论框架与数据说明

从分析思路和研究方法角度来看，基于问卷调查的微观实证分析是本书的关键所在。结合本书的研究目标、研究内容以及需要解决的关键科学问题，本章旨在从理论层面说明实证检验金融素质、信贷约束与家庭资产选择之间互动机理的分析框架，包括相关概念的定义及测量方法、实地调查设计和实施以及计量分析模型的选择，为后续实证检验西部脱贫地区农户金融素质、信贷约束以及家庭资产选择之间的互动机理提供必要的方法和思路。本章将从以下四个方面展开论述：首先，介绍相关概念的定义和测量方法；其次，从理论层面分析本书的研究框架；再次，说明开展实证分析所采用的计量模型及理由；最后，说明开展实证分析所需数据的来源。

3.1 重要概念的界定与测量

如本书第 2 章所述，作为讨论的起点，理论界对金融素质和信贷约束等概念的界定与测量问题都存在较大争议，已有研究对上述概念的运用，无论在理论分析、调查设计环节，还是实证检验环节都是相互分割的，从方法论角度来讲，研究者亟需发展出相应的具有可操作性的概念和测量方法以及可应用于实证分析的研究策略。因此，在实证分析前，首先必须明确金融素质和信贷约束等关键概念的界定与测量方法。

3.1.1 金融素质的界定与测量

如本书文献综述部分所述,对于金融素质概念,学术界在概念模型的建构、测量工具的设计、外延界限的确定等方面均存在诸多分歧和挑战,还没有公认的界定与测量方法。但是,就如何化解这些分歧和挑战已经取得了一定进展,也形成了部分共识。因此,要深刻认识金融素质的本质,探寻最适宜的金融素质的界定与测量方法,精确地定位上述分歧,细致地梳理相关解决路径并清晰地呈现已达成的共识显然是无法回避的技术环节[107]。本书对金融素质的界定与测量也是以此为基础展开的。

(1)金融素质的界定

针对金融素质的界定,如前文所述,至少有两个观点已经逐步被学术界所接受:一是作为结构性概念,金融素质应当由多个维度构成,从操作层面来讲,至少应该从知识和技能两个维度来界定;二是金融素质是个体在特定时期所掌握的金融知识、技能等构成的综合能力,该能力与个体投资理财决策的合理审慎程度,乃至终生的财务安全密切相关,是个体人力资本的重要组成部分[1,107,142]。

为了推进跨国金融素质调查的组织实施,推动不同国家特定群体间金融素质水平的比较研究,经合组织(OECD)尝试构建了适用于不同国家的标准化的金融素质测量评估体系,该测量评估体系由概念模型、测量工具及评级标准和操作规范组成[123,125,143]。其中,概念模型采用多维度宽口径标准设计,由三个维度组成,即金融知识、金融行为、金融态度,以此为基础,金融素质概念被界定为,个体做出合理审慎投资理财决策以增进个体福利所需的能力、知识、技能、态度的总称[1,107]。

事实上,该定义还停留在操作层面[127]。但是,一则,结合本书文献综述部分的研究结论，该定义与学术界针对金融素质界定问题所形成的共识性原则并不抵触；二则，目前已经有 30 多个国家或地区采信了该定义[1]。因此，本书采用上述经合组织（OECD）给出的定义来界定金融素质概念。

（2）金融素质指标的构建

如前文所述，结合多维度宽口径的金融素质概念模型，经合组织（OECD）构建了对应的金融素质测量工具。同样，基于上述两个理由，即，该测量工具与学术界针对金融素质界定问题所形成的共识性原则并不抵触，同时，目前已经有 30 多个国家或地区在国民金融素质调查中采用了该测量工具，其有效性和精确度已经在不同情境中得到验证[1]。因此，本书采用经合组织（OECD）构建的金融素质测量工具来拟制金融素质指标，并以此作为衡量西部脱贫地区农户金融素质的依据。

根据经合组织（OECD）提供的标准化金融素质测量工具的设计方案，该测量工具包含 20 个必选测试问题，分别对应金融行为（Financial behaviour）、金融态度（Financial attitude）和金融知识（Financial knowledge）三个维度，涵盖家庭日常财务管理、收支计划编制、金融理财产品选择以及对投资理财活动的熟悉程度等方面的内容，最终被拟合为 18 个变量[1,107,142]。具体内容见表 3.1。

关于金融素质指标的拟制，本书主要选取以下两种方法。

①简单汇总赋值法。遵循经合组织（OECD）的建议，采用简单汇总赋值法拟制金融素质指标，即使用回答符合得分标准的测试问题的数量以及事先设定的标准化评分标准中所对应的分值来衡量样本农户的金融知识、金融行为以及金融态度，简单汇总三者的得分，从而获得金融素质的最终得分[1,125]。

②因子分析赋值法。参照尹志超等、Rooij 等以及 Lusardi 和 Mitchell

的做法，首先采用因子分析的方法分别计算金融知识、金融行为以及金融态度的分值，随后简单汇总三者的得分获取金融素质指标的得分[21,42,108]。具体的计算方法及过程将在本书第 4 章详细介绍。

表 3.1　经合组织标准化金融素质测量工具概况

Table 3.1 The Overview of the Standardized Financial Literacy Measuring Instrument Developed by OECD

问题编号	金融素质的构成要件	问题标签
Q101	金融知识	货币的时间价值
Q102		贷款利息的认知
Q103		单利计算
Q104		复利计算
Q105-1		投资风险的认知
Q105-2		通货膨胀的认知
Q105-3		风险分散
Q201-a)	金融态度	如何看待当下和未来
Q201-b)		如何看待储蓄和消费
Q201-c)		如何看待财物
Q301/Q302	金融行为	管理主体明确/制订家庭预算
Q303		储蓄的自觉性
Q304/Q305		金融产品选择（投资前货比三家的习惯/影响投资决策的信息来源）
Q306-a)		量入而出的习惯
Q306-b)		及时还债的习惯
Q306-c)		密切关注家庭财务状况的习惯
Q306-d)		围绕长期理财目标努力的习惯
Q308		应对入不敷出状态的措施

资料来源：郭学军等[142]

3.1.2 信贷约束的界定与测量

1）信贷约束的定义

如本书文献综述部分所述，有关信贷配给的定义、成因以及配给方式的分类，学术界已经形成了部分共识性原则。以此为基础，刘西川和程恩江辨析了信贷配给与信贷约束之间的联系和区别，明确了信贷约束的本质以及二者对于实证研究的意义。因此，本书采用刘西川和程恩江给出的定义来界定信贷约束和信贷配给，即信贷配给是指贷款人愿意放贷数额和能够放贷数额之间的差距，这个差距通常是贷款人自我选择的结果；信贷约束则是指借款人的信贷需求长期超过贷款人给予的贷款数额，且合约条件没有表现出要改变的倾向[50]。

同样，如本书文献综述部分所述，尽管讨论信贷约束的必要前提是准确地衡量借款人愿意借贷的最大数额，但是其落脚点则是在控制住信贷需求的基础上探寻借款意愿未得到有效满足的原因，而引入信贷配给的不同方式则有助于厘清其中的因果关系，因此，在考察信贷约束问题时，应当坚持既强调从借款人信贷需求出发，又重视信贷配给不同方式的原则[1,50]。

2）信贷约束的测量

本书文献综述部分指出，一则，采用直接测量法测量信贷约束已逐步被学术界认同而广泛应用于相关研究；二则，对于直接测量法而言，获取信贷合约条件，包括贷款数额和其他条件是该方法顺利实施的前提，而基于合约条件将供需双方纳入信贷约束的分析框架则是该方法测量精度的保证。以此为依据，在承袭 Zeller、Barham 等、Mushinski、Boucher 等学者的研究思路的基础上[94-96,78]，刘西川和程恩江提出了依靠直接测量法并按照不同信贷配给方式对超额信贷需求进行分类的测量评估体系，成功地将信贷约束的测量转化为超额信贷需求的测量，有效地控制了借款人的信贷需求，从而达成识别、测量信贷约束及背后信贷配给机制的目标[50]。

该测量评估体系极大地提升了信贷约束及背后信贷配给机制的识别能力和测量精度，真正实现了理论分析、调查设计与实证检验的有机结合，提高了对信贷约束现象的本质及运行机制的认识，进一步深化了信贷行为研究[1,50]。更为重要的是，正如本书文献综述部分所述，由于对借款人风险态度的假设不同（分别为风险中性假设和风险厌恶假设），直接衡量信贷约束的方法被分为两类，二者在信贷配给方式以及超额信贷需求的分类标准上均存在较大的差异，据此所得到的测量结果难免南辕北辙。对于西部脱贫地区农户而言，根据经验判断，假定其风险态度属于风险厌恶类型显然更加贴近现实，而刘西川和程恩江所创建的基于直接测量法的信贷约束测量评估体系正是建立在风险厌恶假设之上[50]。因此，本书对信贷约束的测量大体上遵循刘西川和程恩江所提出的测量评估体系。

尽管如此，该测量评估体系依然存在一些不足，对此，郭学军等做了系统的梳理和总结，具体表现在：①自我配给的归类方面，事实上，自我配给现象的根源是借款人基于过去经验和自身素质而产生的认知偏差，并非供给方的数量配给，而目前通行的信贷配给机制识别分类方法都是以理性人假设为基础，并未考虑借款人自身素质的异质性所引发的认知偏差对信贷行为可能带来的影响，也未涉及自我配给的定位识别问题，因此，该体系简单地将自我配给归为供给信贷约束的做法显然有失妥当；②该测量评估体系的程序设计方面，考虑到调查过程中可能出现的无法控制的因素，从调查实施层面来看，过于复杂的调查设计方案可能无法在实际调查过程中完全实现，进而影响预期目标的达成[1]。

鉴于此，针对上述不足，本书参照 Feder 等、Jappelli、梁爽等、尹志超等学者的研究思路[98,79,9,38]，对该测量评估体系的部分环节进行了局部的修正，并将修正后的测量评估体系作为本书界定与测量信贷约束概念的基本工具。

图 3.1 完整地展现了调整后的信贷约束测量工具对信贷配给机制进行识别和分类的具体路径。如图 3.1 所示，本书对超额信贷需求的识别和分类，也是通过搜集、分析样本农户对一系列测试问题的答复来实现的[1]。这些测试问题围绕样本农户是否通过正规信贷市场来满足自身信贷需求的实际状况及成因而设计，并严格按照是否已经获得银行（或信用社）贷款、已经获得的银行（或信用社）贷款能否完全满足自身信贷需求以及未获得银行（或信用社）贷款的原因三个环节逐级设置。具体如下：

第一个环节，即是否已经获得银行（或信用社）贷款环节，用于调查的测试问题是“目前，您的家庭是否有尚未偿还的银行（或信用社）的贷款？”，据此将样本农户划分为已获贷款者和未获贷款者[1]。

第二个环节，即已经获得的银行（或信用社）贷款能否完全满足自身信贷需求环节，用于调查的测试问题是“从银行（或信用社）获取的贷款是否能完全满足您的家庭的贷款需求？”，该问题专门针对已经获得银行（或信用社）贷款的样本农户而设计，据此将该部分样本农户划分为价格配给借款者和部分数量配给者[1]。

第三个环节，即未获得银行（或信用社）贷款的具体原因环节，用于调查的测试问题是“请说出您的家庭没有获取银行（或信用社）贷款的具体原因？”，相对应的答复选项有 6 个：①“家里的钱够用，不需要贷款”、②“利息过高，未申请银行（或信用社）贷款”、③“银行（或信用社）拒绝了我家的贷款申请”、④“担心还不了，没有申请”、⑤“程序太复杂，花费太大，没有申请”、⑥“即使申请也得不到，不如想其他办法”，该问题专门针对未获得银行(或信用社)贷款的样本农户而设计,据此将样本农户区分为价格配给未借款者、完全数量配给者、风险配给者、交易成本配给者和自我配给者[1]。

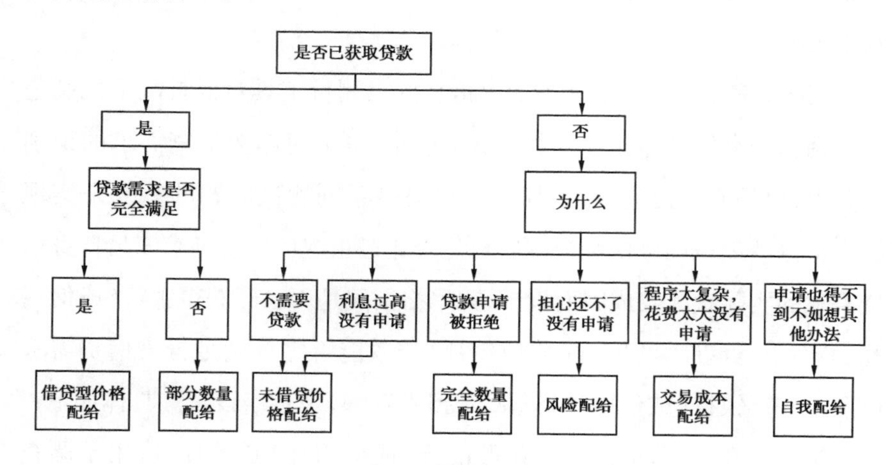

图 3.1 调整后的信贷配给机制识别分类流程

Figure 3.1 The Adjusted Routine of Identification and Classification of Credit Rationing Mechanism

综上所述,在信贷配给机制的分类方法和标准上,本书不再完全拘泥于 Boucher 及刘西川和程恩江的作法[78,50],信贷配给最终被划分为 7 种类型,除了原有的 6 种信贷配给类型外,自我配给从完全数量配给(供给型)中分离出来成为独立的信贷配给类型(需求型)(具体的分类及划分标准见表 3.2),与此相对应,本书最终将样本农户也划分为 7 种类型。以此为依据,本书对信贷约束的分类界定标准也做了相应的调整,具体如下:

首先,遵循刘西川和程恩江的做法,将信贷约束划分为供给型和需求型两类[1,50]。

其次,遵循刘西川和程恩江的做法,将给定合约条件下借款人所获得的贷款金额小于需求金额的情形视作供给信贷约束,包括部分数量信贷配给和完全数量信贷配给[1,50];需要强调的是,如前文所述,本书并不赞同将自我配给视作完全数量配给而归为供给信贷约束的做法,而是将自我配给视作独立的信贷配给类型,从完全数量配给中分离出来并归为需求信贷约束。

其后,对于需求信贷约束而言,所采用的分类界定方法与刘西川和程恩江的做法有较大差异,需求信贷约束不仅包括风险配给和交易成本配给,还包括自我配给,凡是在给定合约条件下,借款人出于对交易成本的否定、对抵押风险的厌恶或者对合约条件否定性的认知偏差等原因而主动放弃借贷交易的情形均被视作需求信贷约束[1,50]。

最后,遵循刘西川和程恩江的作法,不再将未借贷型价格配给和借贷型价格配给纳入信贷约束范畴[1,50]。

表 3.2 调整后的信贷配给机制识别分类标准

Table 3.2 The Adjusted Criteria for Identification and Classification of Credit Rationing Mechanism

配给类型	识别分类标准
借贷型价格配给	获得贷款且得到全部申请数额的贷款
部分数量配给	获得贷款但只得到了申请数额的一部分
完全数量配给	贷款申请被拒绝
未借贷型价格配给	因利率太高或不需要贷款而没有申请贷款
风险配给	担心失去抵押物而没有申请贷款
交易成本配给	因交易成本太高而没有申请贷款
自我配给	因主观认为贷款申请可能被拒绝而未申请贷款

3.1.3 家庭资产选择的界定与测量

从本书文献综述部分可知,金融素质对家庭资产选择的影响主要表现在家庭投资决策、信贷决策以及储蓄与养老规划三个层面,按此标准划分,本书所关注的主要是金融素质、信贷约束与家庭投资决策之间的互动机理。家庭投资决策包括参与决策和资产配置决策两个部分,对于家庭投资决策的影响因素及作用机理的相关研究而言,绝大多数都是从家庭金融风险市场参与及资产配置两个维度来刻画不同家庭投资决策的异质性特征的。因此,本书遵循惯例,也从家庭金融风险市场参与和金融风险资产配置两个维度来界定与测量家庭资产选择,藉此说明特定群体家庭资产选择的异质性特征。

具体来说,借鉴已有研究中家庭资产选择的相关界定与测量方法[21,39,144,145],同时考虑到我国西部农村地区的实际情况,本书最终选取家庭正规金融市场参与、家庭金融市场参与、正规金融风险资产占比、金融风险资产占比 4 个指标来界定与测量家庭资产选择。其中,家庭正规金融市场参与指标是虚拟变量,特指在入户调查时样本农户是否持有正规金融市场中的金融风险资产,持有取 1,未持有则取 0;家庭金融市场参与也是虚拟变量,特指在入户调查时样本农户是否持有正规金融市场或者非正规金融市场中的金融风险资产,持有取 1,未持有则取 0。正规金融风险资产占比变量特指在入户调查时样本农户持有的正规金融风险资产在家庭净资产中所占的比重;金融风险资产占比变量特指在入户调查时样本农户持有的金融风险资产在家庭净资产中所占的比重。本书定义的金融风险资产分为正规金融风险资产和非正规金融风险资产两大类。其中,正规金融风险资产所涵盖的范围较广,泛指银行理财产品、黄金、股票、基金等能够合法流通的金融风险资产(房产除外);非正规金融风险资产则仅仅涵盖民间借贷。

3.2 理论分析与研究框架

3.2.1 金融素质、信贷约束与家庭资产选择

正如本书文献综述部分所述,经典投资理论认为,对于绝大多数家庭而言,不论富有还是贫穷,都会把家庭财富的一部分投资于金融风险资产[21]。但是,实际情况恰好相反,相关实证研究已经发现,在现实中家庭的金融风险市场参与率,尤其是股票市场参与率,远远低于经典投资理论的推测。在我国,家庭资产配置结构单一,住房资产的配置明显高于发达国家,而股票、基金等金融风险资产的配置则处于很低水平[146]。根据中国家庭金融调查数据,我国家庭的住房持有率为91.4%,占家庭资产的比重高达70.1%;家庭金融风险资产持有率为27.8%,占家庭资产的比重为5.07%,其中,理财产品持有率为8.5%,股票持有率为6.5%,基金持有率为3.4%,对外借贷持有率为14.4%。尽管随着时间的推移,我国家庭金融风险资产持有率及在家庭资产中的占比都有较大提升,但是,家庭金融风险市场参与率低的基本格局并没有发生实质的改变[147]。

上述理论与现实之间的偏差被称为"有限参与"之谜,该谜团的出现对经典投资理论构成了挑战。如何解释"有限参与"之谜,进一步揭示并刻画家庭资产选择行为的规律,已经成为家庭资产选择研究的重要视角。截至目前,学术界围绕"有限参与"之谜等家庭金融谜团,主要从投资者的异质性、环境的异质性(背景风险、市场不完全等)等方面阐释家庭金融资产选择的异质性特征,极大地丰富了家庭金融理论。

但是,家庭投资决策是个复杂的过程,要清晰地刻画家庭资产选择行

为的规律,揭示"有限参与"之谜,除了收入和资产等家庭物质资本可能造成的影响外,家庭人力资本的影响及作用机理也是必须考虑的因素。截至目前,已有研究主要从家庭成员的受教育程度、认知能力以及金融知识水平等视角来说明人力资本对家庭投资决策的影响。研究发现,家庭成员的受教育程度、认知能力以及金融知识水平与家庭金融风险市场参与呈正相关关系[7,21,48,49,129,130,142,144,148,149]。但是,值得注意的是,无论是受教育程度、认知能力,还是金融知识,都未能全面地概括家庭投资所需人力资本的全部内容,无法准确反映家庭搜集和加工与投资相关信息的能力。与此同时,Christelis 等的研究已经证明金融素质至少通过三种途径影响投资主体的金融风险市场参与和资产配置:第一,通过改变投资者获取相关信息的成本影响投资者股市参与;第二,通过改变效用函数的曲率影响投资者股市参与;第三,通过提升信息处理能力影响投资者股市参与[131]。因此,从金融素质视角出发,力求更为全面地说明家庭资产选择异质性特征的成因及形成机理,进一步解开"有限参与"之谜等金融谜团,自然成为继续推进家庭金融理论发展最为重要的着力点。

同样如本书文献综述部分所述,信贷约束(Credit constraints)是家庭资产选择重要的影响因素,对家庭金融风险市场参与及参与深度均有显著的负向影响[37-40]。中国家庭金融调查数据显示,我国城镇家庭的信贷可得性为 51.7%,农户的信贷可得性为 27.6%,进一步看,在有信贷资金需求的家庭中,受到信贷约束的城镇家庭和农户的比例分别为 48.3% 和 72.7%,其中需要资金但是未向银行申请的城镇家庭和农户的比例分别为 43.5% 和 62.9%,申请了贷款但是被银行拒绝的城镇家庭和农户的比例分别为 4.8% 和 9.8%[8]。可见,在我国,信贷约束问题依然比较突出,信贷约束事实上已经成为我国家庭必须面对的外部约束,因此,要清晰地刻画我国家庭资产选择的异质性特征,揭示其内在逻辑和深层次原因,信贷约束的影响显然无法回避,将金融素质、信贷约束同时纳入家庭资产选择影响因素及作用机理分析框架也就成为不可或缺的技术环节,更是破解"有限参与"之谜等金融谜团,推进家庭金融理论发展完善的根本保证。

此外,我国经济社会发展不均衡,正如前文所述,由于经济社会二元性的阻隔,我国农户,尤其是西部脱贫地区农户的金融素质水平、所面临的金融市场环境以及上述因素作用下的家庭资产选择都存在不同于其他群体的异质性特征,要全面、客观地反映我国家庭资产选择的现状及形成机理,破解"有限参与"之谜等金融谜团,提高相关理论对客观现实的解释力,我国西部脱贫地区农户显然是相关研究无法回避的研究对象。

3.2.2 金融素质与信贷约束

由于在操作层面根本不具备直接衡量信贷配给的条件,因此,相关研究更多地采用信贷约束概念来解释相关现象,然而,对于信贷约束而言,落脚点是在控制住信贷需求的基础上揭示借款人借款意愿未能完全达成的原因,除非引入信贷配给概念,厘清信贷约束背后所蕴含的信贷配给机制,否则对信贷约束的分析将流于表面,通过信贷约束概念来解释相关现象也将成为空谈,因此,在考察信贷约束问题时,不仅需要将出发点和落脚点放在借款人信贷需求上,还需要关注信贷约束背后具体的信贷配给方式[1]。此外,尽管本书的研究目的并不是探寻信贷市场失灵的原因,但是,对金融素质与信贷约束之间相互关系的解析和验证,事实上已经触及到信贷约束的形成机理,完全可以视为信贷市场失灵问题成因分析的延续,因此,在解析和验证上述问题时,本书借鉴了刘西川和程恩江所使用的信贷约束及背后信贷配给机制的分析框架[50]。

作为学术界所拟制的用来刻画价格无法出清信贷市场现象的两个概念,信贷约束与信贷配给(Credit rationing)之间的关系非常密切,在特定阶段甚至被当作同义词交替使用,学术界对信贷约束本质的认识,也是在如何界定信贷配给问题的持续讨论中逐步深化的[50]。本章第1节信贷约束的界定与测量部分已经提到,根据学术界对信贷配给的成因及作用机理认知程度的不断深化,信贷配给定义的演化大致经历了三个阶段:将信贷配给归因于信贷市场的某些特征,对信贷配给的定义仅仅停留在对相关现象的总结归纳的阶段;将信贷配给归因于供需双方的信息分布特征,对信贷配给的定义被严格限定在供给层面,甚至被视为数量配给的同义词的阶段;将信贷配给归因于认知偏差等需求方,信贷配给的定义突破供给层面的限定,开始从信贷配给机制角度阐释信贷配给本质的阶段。截至目前,相关研究已经证明,信贷配给并非信贷供给者一方作用的结果[79],除了信贷供给方由于信息不对称或者监管机构限制而引发的数量配给外,风险规避、认知偏差和需求压抑等需求方的因素也可能引发信贷配给[81-83],信贷配给分为供给型配给和需求型配给两类[84]。从信贷配给机制角度出发,对信贷配给本质的探究,进一步明确了信贷配给与信贷约束之间的区别和联系,深化了学术界对二者本质的认识。以此为基础,刘西川和程恩江对二者做了严格的解释和限定,信贷配给被界定为贷款人愿意放贷数额和能够放贷数额之间的差距,这个差距通常是贷款人自我选择的结果,信贷约束则被界定为借款人的信贷需求长期超过贷款人实际给予的贷款数额,且合约条件没有表现出要改变的倾向[151]。根据刘西川和程恩江的定义,信贷约束也分为两类:其中供给信贷约束是指在给定合约条件下借款人获得的贷款小于其信贷需求,包括部分数量信贷配给、完全数量信贷配给以及自我配给三种情形;需求信贷约束是指在给定合约条件下借款人存在名义的信贷需求,但因交易成本或存在一定风险导致其有效信贷需求小于实际能够获得的贷款,包括风险配给和交易成本配给两种情形;至于价格配给则均不属于信贷约束范畴[50]。

目前,有关需求信贷约束的根源及作用机理的研究才刚刚起步,引发需求方认知偏差和自我抑制的更深层次的原因、彼此间相互作用的方式和路径、是否存在人为干预的可能以及相应的干预措施如何安排等问题都有待学术界和实务界进一步地研究和探讨[1]。近年来,部分研究已经注意到了上述问题并做了相应的探索。Beck 等指出如果不了解或者不熟悉特定金融产品,对其就不会产生实质性需求[152]。不仅如此,人们对特定金融产品的利用程度同样受金融素质(Financial Literacy)的影响[137,153]。Stango 和 Zinman 以及 Lusardi 和 Tufano 的研究则发现金融素质(Financial Literacy)低下与高成本的借贷等非理性金融决策高度相关[45,105]。宋全云等分析了金融知识与家庭正规信贷需求、家庭申贷积极性以及家庭正规信贷可得性之间的关系,研究证明金融知识正是通过对上述三个变量的正向作用,从而反向影响家庭承受信贷约束的状态[141]。可见,金融素质低下可能引发信贷市场需求不足、信贷获得性低等问题,是需求信贷约束的重要诱因,因此,要全面揭示金融素质、信贷约束和家庭资产选择之间的互动机理,说明在信贷约束条件下,金融素质是如何作用于家庭资产选择,有必要首先厘清金融素质与信贷约束之间的关系。

同样,如前文所述,我国农村地区信贷市场发展落后,信贷约束问题更加严重[8,9],而目前从金融素质角度审视农户,特别是西部脱贫地区农户信贷约束问题的研究还不多见。再加之,金融素质研究尚处于前范式阶段,大多数研究都将金融素质(Financial Literacy)视为金融知识(Financial Knowledge)的同义词,对金融素质的界定与测量都是从金融知识单个维度入手,导致相关研究成果难以全面反映不同情境下金融素质所产生的影响[1,107,142]。因此,从金融素质视角剖析西部脱贫地区农户信贷约束问题,不仅有现实层面的诉求,也有理论层面的需要。

基于上述考量,本书将西部脱贫地区农户的金融素质与所面临的信贷约束及背后信贷配给机制之间的关系作为一项重要的研究内容,试图从金融素质角度探寻西部脱贫地区农户承受信贷约束的更深层次原因以及可能引发的更深远的影响。相对于已有研究而言,本书的不同之处主要表现在以下 4 个方面:①遵循经合组织(OECD)界定与测量金融素质的基本理念,从金融知识、金融行为和金融态度三个维度衡量样本农户的金融素质水平;②基于信贷合约条件,将供求双方同时纳入信贷约束分析框架;③基于对信贷配给机制的成因分析,重新规划了信贷配给机制的分类;④考察的重点不再局限于信贷约束背后的信贷配给机制,而是扩展到金融素质与信贷约束以及对应的信贷配给机制之间的因果关系[1]。

综上所述,金融素质不仅直接影响家庭金融风险市场参与及参与深度[5-7],还可能通过缓解信贷约束,进一步影响家庭金融风险市场参与及参与深度。也就是说,在我国,要全面考察金融素质对农户家庭资产选择的影响及作用机理,农户承受信贷约束的状态,一定是其中不得不考虑的因素。因此,本书将金融素质、信贷约束同时纳入家庭资产选择影响因素及作用机理分析框架,利用实地调查数据,分析验证我国西部脱贫地区农户金融素质、信贷约束以及家庭资产选择之间的互动机理,揭示我国西部脱贫地区农户家庭资产选择的异质性特征及成因。

具体而言,需要本书实证检验的问题大体上可以概括为两个:一是对于我国西部脱贫地区农户而言,金融素质是否对家庭资产选择产生直接影响;二是对于我国西部脱贫地区农户而言,金融素质是否可能通过缓解信贷约束,进而对家庭资产选择产生影响。

3.3 模型选择

3.3.1 金融素质影响信贷约束及信贷配给机制的计量分析模型设定

要说明金融素质对信贷约束及背后信贷配给机制可能产生的影响，计量分析是必不可少的环节。由于作为被解释变量的信贷配给类型属于离散变量(多值虚拟变量)，且数据中可能存在的偏态分布等情况，因此，在本书的计量分析过程中不得不采用非常规的计量分析模型。具体情况如下：

在应用计量经济学领域，Logit 模型是多元离散选择模型中使用频率最高的计量模型之一，尤其是面临效用最大化的分布选择问题时最为有效；此外，在获取自变量与估计概率间的非线性关系方面，Logit 函数也有较大优势，因此，参照已有研究的作法，本书采用简约多元 Logit 模型，来估计样本农户金融素质对承受特定类型信贷配给的可能性所带来的影响[50]。本书最终选取承受借贷型价格配给的样本农户作为该模型参数估计时的参照样本。

还需要指出的是，对于多元 Logit 模型而言，由于无法清晰准确地说明参数估计结果在现实中的具体内涵，因此，本书同样借鉴刘西川和程恩江的方法，通过进一步估计金融素质对样本农户受到特定类型信贷配给的可能性所带来的边际影响，最终说明金融素质与信贷约束及信贷配给机制之间的互动机理[50]。

3.3.2 金融素质、信贷约束影响家庭资产选择的计量分析模型设定

1）相关模型设定

由于本书最终选取正规金融市场参与、金融市场参与、正规金融风险资产占比、金融风险资产占比四个指标来界定与测量家庭资产选择，因此，上述四个指标即被设定为后续计量分析过程中的被解释变量。其中，金融市场参与和正规金融市场参与都是离散变量（二值虚拟变量），而金融风险资产占比和正规金融风险资产占比则是受限变量。同理，由于上述四个被解释变量的数据中可能存在的偏态分布、阶段性删失以及非对称性等情况，因此，在本书计量分析过程中必须采用特殊的计量分析模型。具体情况如下：

尽管适用于离散被解释变量（二值虚拟变量）的计量模型很多，但是，在已有相关研究中使用频率最高的还是 Probit 模型和 Logit 模型。与此同时，威廉 · H.格林的研究还证明，在二值虚拟变量的统计分析过程中，使用 Probit 模型和 Logit 模型的实际效果非常接近[155]，因此，本书参照孟亦佳以及尹志超等学者的做法，采用 Probit 模型分析金融素质、信贷约束对西部脱贫地区农户金融市场参与和正规金融市场参与产生的影响[21,144]。

同样，对于受限被解释变量而言，Tobit 模型是已有相关研究中最为常用的统计检验方法。因此，本书同样参照孟亦佳以及尹志超等学者的做法，采用 Tobit 模型分析金融素质、信贷约束对西部脱贫地区农户金融风险资产占比和正规金融风险资产占比产生的影响[21,144]。

2）内生性问题解决方案设计

在计量分析过程中，根据自变量与总体误差之间的关系，可以将自变量分为内生变量和外生变量，与总体误差相关的变量称为内生变量，与总体误差无关的变量称为外生变量。由于存在内生变量，如果在计量分析过程中不采用相应的办法加以克服，可能会给估计结果带来偏误，这就是所谓的"内生性问题"。考虑到上述计量分析过程中，金融素质可能存在内生性，因此，如何处理内生性问题也是本书必须解决的技术环节。

针对内生性问题，目前比较常见的处理方法主要有两种：二阶段最小二乘法和工具变量法。由于工具变量法更具一般性[154]，且在相关研究中使用更为广泛。因此，结合以往研究的做法，本书也采用工具变量法来纠正金融素质内生性可能给估计结果带来的偏误[21]。

作为劳务输出大省，甘肃省每年有大量农村青壮年劳力外出务工，据内部资料显示①，2016 年甘肃省劳务输转总人数达 527.395 6 万，占全省 15~64 岁总人口的 27.99%，占乡村总人口的 36.53%。尽管劳务输转人员分布于不同地区，但是，作为一种有组织的群体行为，劳务输出的目的地则相对集中，原本分布于不同地区且毫无关联的劳务输转人员，因此超越地域限制而成为工友的可能性很大，彼此间知识、技能、态度的学习交流也因此成为可能。由于上述劳务输转人员与本书研究对象高度重合，因此，对于本书研究对象而言，看似分属不同地域而毫无关联，事实上彼此间在知识、技能以及态度等方面的相互影响是客观存在的；与此同时，对于本书研究对象而言，家庭资产选择则绝不会受其他农户金融素质的影响。根据 J.M.伍德里奇提供的经验法则，工具变量必须同时具备两个

① 该数据来自于甘肃省人民政府劳务工作办公室 2016 年度劳务总输转内部统计资料，未公开发表。

性质：一是与内生变量偏相关；二是与总体误差不相关[155]。因此，本书最终选取除自身外甘肃省辖集中连片特困区农户金融素质平均水平作为工具变量。

3.4 数据说明

如本书文献综述部分所述，缺乏详实的家庭金融微观数据，是导致国内家庭金融研究相对滞后的重要原因。截至目前，一则专门针对农户家庭金融的微观调查数据库尚未建立，相关数据无法满足农户，尤其是西部脱贫地区农户相关研究的需要；二则专门针对金融素质的微观调查数据库尚未建立，相关数据同样无法满足金融素质相关研究的需要。

鉴于此，本书选取实地调查方式来获取相关数据资料。最终，本书研究所需的基础性数据资料，均来自于兰州理工大学与兰州财经大学“金融素质视角下贫困地区农户家庭资产选择研究”项目组在甘肃省辖集中连片特困区组织实施的农户金融素质和家庭资产配置调查。

3.4.1 调查方案设计

正是因为本书的数据资料主要来自于实地调查，调查的组织实施在整个研究过程中占据极其重要的地位，甚至已经成为实证分析的核心指针和重要保障，因此，调查地区的选择、调查内容的确定、调查方式的选取以及调查的实施等环节都需要精细地设计和规划，需要在实证分析前明确说明。

1）调查方式确定

考虑到西部脱贫地区农户受教育程度普遍较低、读写能力有限，因

此,本书最终选用面对面和集中作答方式开展实地调查,具体操作程序如下:

对于有读写能力的农户,首先由村干部集中于村委会,然后由调查员带领下独立完成问卷的填写;

对于无读写能力的农户,则采用面对面一问一答方式,由调查员代为填写完成调查。

2)调查问卷设计

此次调查使用的调查问卷由农户人口学特征、金融素质、信贷约束以及资产配置状况四个模块(详见附录“农户金融素质与家庭资产配置调查表”)组成,其中金融素质模块,由 2015 年经合组织(OECD)为第二次跨国金融素质调查构建的金融素质测量工具(适用于 18~79 岁成年人)中的必选问题构成[125];信贷约束模块则是以刘西川和程恩江构建的农户信贷约束及背后的信贷配给机制识别评估体系为基础[50],参照 Feder 等、Jappelli、梁爽等、尹志超等学者的研究思路进行相应的调整后组建而成[98,79,9,38];农户资产负债情况模块由西南财经大学 2015 年实施的中国家庭金融调查所设计的调查问卷(CAPI)中的部分问题构成。

3)抽样方法选择

本书的抽样过程分为整体抽样和末端抽样两个环节,下面将简单介绍与上述两个环节对应的抽样方法及实施步骤。

整体抽样环节最终采用整群、分层和随机抽样相结合的方法[1]。具体步骤如下:

首先,遵循国家对集中连片特困区的区域划分标准,将甘肃省辖集中连片特困区范围内的 58 个贫困县(市、区)分别归入三个集中连片特困区。

其次,以农民人均纯收入为依据,对每个集中连片区所辖贫困县(市、区)排序,根据排序结果,将每个集中连片区所辖贫困县(市、区)划分为两层(每层包含的贫困县数目相等或接近),随后,分别从每层中随机抽取数量相同的贫困县(市、区);如果某个集中连片区所辖贫困县(市、区)中包含少数民族聚居地区,则将所涉及的相关贫困县(市、区)单列,依然按照上述方法抽取一定数量的贫困县(市、区)。

最后,将各样本县(市、区)辖内非贫困村划分为两层,分别从每层中随机抽取数量相同的非贫困村。非贫困村的分层标准是该村到所在样本县(市、区)政府所在地的距离,距离在 20 千米以上为一层,距离在 20 千米以内为另一层。

末端抽样环节,则参照中国家庭金融调查与研究中心在首轮中国家庭金融调查过程中的作法,最终采用等距抽样的方法[1,156]。具体如下:

首先,根据村委会提供的农户名册列表排序。

其次,计算抽样间距,即每隔几户抽取一个农户。计算公式为:

抽样间距=农户名册总户数÷设计抽取户数(向上取值)

再次,确定随机起点。随机起点从随机数表中选取。

最后,确定被抽中农户。随机起点所指示的农户为第一个被抽中的农户,确定第一个被抽中的农户后根据计算确定的抽样间隔依次抽取其他农户。

4)调查地区界定

本书最终将调查地区限定在甘肃省辖集中连片特困区,所对应的行政区划见表 3.3。

表 3.3 甘肃省辖集中连片特殊困难地区对应的行政区划

Table 3.3 The Administrative Division of Concentrated Destitute Areas in Gansu Province

省份	分区	隶属地/市	县/区/市
甘肃省	六盘山区（40个县、区、市）	兰州市	永登县、皋兰县、榆中县
		白银市	靖远县、会宁县、景泰县
		天水市	清水县、秦安县、甘谷县、武山县、张家川回族自治县、麦积区
		武威市	古浪县
		平凉市	崆峒区、泾川县、灵台县、庄浪县、静宁县
		庆阳市	庆城县、环县、华池县、合水县、正宁县、宁县、镇原县
		定西市	安定区、通渭县、陇西县、渭源县、临洮县、漳县、岷县
		临夏回族自治州	临夏市、临夏县、康乐县、永靖县、广河县、和政县、东乡族自治县、积石山保安族东乡族撒拉族自治县
	藏族地区（9个县、区、市）	武威市	天祝藏族自治县
		甘南藏族自治州	合作市、临潭县、卓尼县、舟曲县、迭部县、玛曲县、碌曲县、夏河县
	秦巴山区（9个县、区、市）	陇南市	武都区、成县、文县、宕昌县、康县、西和县、礼县、徽县、两当县

3.4.2 调查方案评估

如前文所述，调查的组织实施在整个研究过程中占据极其重要的地位，要确保所采集数据的质量，不仅需要严密精细地规划设计，相关设计方案与本研究的匹配程度也是必须考虑的因素，同样需要在实证分析前明确说明。

1）调查方式评估

本书的研究对象是西部脱贫地区农户，只有采用面对面和集中作答方式开展实地问卷调查，才可能在农户与调查方式之间寻求最佳的平衡点，既提高调查工作的效率，又最大限度地防止样本选择偏误。具体原因有以下四个：一是农村地区，尤其是西部脱贫地区，互联网的普及程度不高且极不均衡，农户独立使用互联网的能力也极为有限，不具备采用网络调查方式的条件；二是无法准确获取样本农户电话号码等资料，加之本书研究所需数据较为庞杂，通过邮寄、电话调查等方式获取相关资料的难度较大；三是实地农村调查可以全面掌握样本地区、样本农户的实际情况，有效的控制调查过程中出现的偏误；四是调查活动得到了甘肃省扶贫办等相关政府机构的大力协助，为实地调查提供了强有力的组织保障。

2）调查问卷评估

在整体结构设计环节，本书之所以采用多模块方式设计，就是为了满足本书同时将金融素质、信贷约束纳入农户家庭资产选择异质性特征的影响因素及作用机理分析框架的需要，力求全面准确客观地反映农户金融素质、信贷约束以及资产配置状况等方面的信息。

在测试问题选择环节，本书将经合组织（OECD）针对测量问题选择所给出的建议作为筛选标准，即：第一，测试问题选择应当遵循三个标准：已被证明高质量且无偏、已被用于国家层面的调查、与被测试内容相关；第二，金融知识测试问题，应该尽量选取相关研究中已被广泛使用的测试问题，而金融行为和金融态度测试问题，则应该特别关注资金日常管理、财务控制和收支平衡等方面的内容；第三，适用于不同情境前，相关测试问题应当根据具体情境的特殊要求进行适当地调整[107]。最终所选取的测试问题都在不同层面的调查中被使用且被证明高质无偏，尤其是金融素质模块相关测试问题，在正式用于实地调查之前，作者首先对其在中国情境中的实用性做了测试，并根据测试结果进行了必要的调整[142]。

3）抽样方法评估

本书的抽样过程分为整体抽样和末端抽样两个环节，相关抽样设计，无论是抽样方法选择,还是过程控制,均严格遵循以下原则:一是每个集中连片特困区覆盖的样本县不少于两个且不低于所包含的贫困县(市、区)总数的20%,样本县的地理分布比较均匀;二是少数民族聚居地区的样本比重不低于20%;三是抽样仅在样本县所辖的非贫困村(行政村)中开展,且尽可能节约成本。最终,本书在整体抽样环节采用整群、分层和随机抽样相结合的方法,在末端抽样环节则采用等距抽样方法,均在最大程度上确保了抽样的随机性以及聚焦于实证检验西部脱贫地区农户金融素质、信贷约束与家庭资产选择之间相互关系及作用机理的要求。值得注意的是,本书之所以将抽样范围限定在非贫困村(行政村),究其原因有二:一是按照现行划分标准,与非贫困村相比,贫困村中处于绝对贫困线以下的农户占比过大;二是按照现行政策,就各项资助的可得性而言,贫困户与非贫困户以及贫困村与非贫困村之间存在明显的"悬崖效应"。

4)调查地区评估

如上所述,本书最终将调查地区限定在甘肃省辖集中连片特困区,之所以选择该地区主要出于以下考虑:一是甘肃地处中国西北部,区域内海拔差异较大,气候类型、地形地貌多样,是多民族聚居地区;二是根据国家对集中连片特困区的区域划分,甘肃省共有58个县(市、区)被划入集中连片特困区,贫困面大、贫困程度深,是典型的贫困地区(详见表3.3);三是甘肃省辖集中连片特困区,即上述58个县(市、区)分属六盘山、秦巴山、藏族地区3个集中连片特困区,传统意义上行政区划所代表的时空联系已被打破,该地区已经不仅仅代表甘肃省,更是3个集中连片特困区乃至西部脱贫地区的缩影;四是该地区的调查活动能够得到原甘肃省扶贫办等相关政府机构的大力支持;五是截至2020年11月21日,甘肃省辖集中连片特困区,即上述58个贫困县(市、区)已经全部退出贫困县序列。[1,142]可见,该地区具有较强的代表性,能够满足本书实证检验西部脱贫地区农户金融素质、信贷约束与家庭资产选择之间相互关系及作用机理的要求,同时,由于得到相关政府机构的支持,大大提升了调查活动的组织和后勤保障能力,进一步提高相关数据资料的可得性和有效性。

3.4.3 调查结果概述

1)抽样结果

遵照上述实地调查设计方案规定的抽样方法和原则,在抽样过程第一阶段,根据国家对集中连片特困区的区域划分,将初级抽样单元,即甘肃省辖集中连片特困区范围内的58个贫困县(市、区)分为三层,每层按照每个集中连片特困区覆盖的样本县不少于两个且不低于其覆盖的所有县(市、区)数量的20%的原则随机抽取,共得到样本县(市、区)13个,其中4个属于民族自治地区;在抽样过程第二阶段,分别以各样本县(市、区)所管辖的非贫困村为对象,将其划分为距离县(市、区)政府所在地20千米以内(含20千米)和20千米以上两层,按照每层不多于两个非贫困村的原则随机抽取,共得到样本村(非贫困村)27个;在抽样过程第三阶段,按照每个样本村(非贫困村)不多于30且不少于20户的原则,分别从27个样本村抽取样本农户,最终得到样本农户730户。

调查过程中,针对最终抽取的730户样本农户,以户为单位发放等量的调查问卷。无论问卷调查是采用面对面方式还是集中作答方式展开,调查对象原则上必须是户主本人。最终730份调查问卷全部回收,其中有效调查问卷616份,有效率84.4%(详见表3.4)。

表 3.4 调查问卷投放及回收概况

Table 3.4 The Profile of the Questionnaire Distribution and Recovery

归属集中连片特困区	样本县/区	问卷投放(份)	有效问卷回收(份)	有效回收率(%)
六盘山区	正宁县	90	80	88.9
	环县	60	48	80
	静宁县	60	46	76.7
	庄浪县	60	50	83.3
	康乐县	60	46	76.7
	永靖县	60	57	95
	通渭县	60	46	76.7
	会宁县	60	48	80
	秦安县	60	49	81.7
藏族地区	天祝县	40	37	92.5
	舟曲县	40	37	92.5
秦巴山区	宕昌县	40	40	100
	武都区	40	32	80
合计		730	616	84.4

(四舍五入保留一位小数)

2)样本地区概况

为了把握各地经济社会发展的特点,为后续考察西部脱贫地区农户的金融素质、信贷约束现状以及家庭资产选择提供背景材料,以下分别简要介绍本书所抽取的归属甘肃省辖集中连片特困区的13个样本县(市、区)的地理、自然环境、经济社会等情况。表3.5首先展示了13个样本县的总人口、农村人口、生产总值和农民人均纯收入等基本情况,数据来源于《甘肃发展年鉴2017》。

庆阳市属黄河中游内陆地区,辖一区七县,总面积27 119 km^2,常住人口224.19万。其中,正宁县辖8镇2乡,面积1 319.5 km^2,常住人口18.27万,是庆阳市面积最小,人口密度较高的县,该县属陇东黄土高原沟壑区，地形复杂，煤炭、石油、天然气储量比较丰富，该县年均气温 9 ℃，年均降水量 623.5 mm，主要农作物为果品和瓜菜，区域经济特征明显。环县辖 9 镇 11 乡和 1 个旅游开发办，总面积 9 236 km^2，常住人口 30.99 万，是庆阳市贫困面最大、贫困程度最深的县，该县地处毛乌素沙漠边缘，陇东黄土高原丘陵沟壑区，属温带大陆性半干旱气候，生态环境脆弱，自然条件严酷，该县石油、煤炭等矿产资源储量丰富，是长庆油田主产区，第二产业在该县地区生产总值所占的比重超过半数，该县盛产五谷杂粮，优质小杂粮产量居甘肃省之首。

平凉市位于六盘山东麓，泾河上游，为陕甘宁交汇几何中心“金三角”，古“丝绸之路”必经重镇，辖一区六县，总面积 11 325 km^2，常住人口 210.31 万。其中，静宁县辖 13 个乡镇，总面积 2 193 km^2，常住人口 42.48 万，是六盘山片区交通扶贫攻坚示范试点县，该县位于六盘山以西，属陇东黄土高原沟壑区，四季分明，气候温和，光照充足，年均降水量为 450.8 mm，主要农作物为果品和瓜菜，是全国苹果规模栽植第一县。庄浪县辖 18 个乡镇，总面积 1 553.14 km^2，常住人口 38.32 万，该县为黄土高原丘陵沟壑区，属大陆性季风气候，矿产资源丰富，干旱多灾，是甘肃省 43 个国家扶贫开发重点县之一，主要农作物有小麦、马铃薯、油菜。

临夏回族自治州位于甘肃省中部黄土高原向青藏高原过渡地带，总面积 8 169 km^2，常住人口 202.64 万，辖一市七县。其中康乐县辖 5 镇 10 乡，总面积 1 083 km^2，有回族、东乡族、撒拉族等 9 个民族，常住人口24.25 万，其中少数民族人口占 60.65%，该县年均气温 6.6 ℃，年均降水量 518 mm，无霜期 141 天，是甘肃省 20 个牛羊养殖大县和 17 个中药材种植重点县之一。永靖县，辖 10 镇 7 乡，总面积 1 863.6 km^2，常住人口 18.47 万，其中少数民族人口占 13.78%，该县属大陆性温带季风气候，生态类型多样，包括川塬区、高寒阴湿区和干旱半干旱区，该县旅游资源丰富，开发潜力巨大，后发优势明显。

表 3.5 样本县概况

Table 3.5 The Profile of All Sample Counties

归属集中连片特困区	隶属地/市	样本县/区	生产总值（万元）	常住人口（万）	农村人口（万）	农民人均收入（元）
六盘山区	庆阳市	正宁县	282 217	18.27	21.42	8 209
		环县	749 458	30.99	32.83	7 088
	平凉市	静宁县	493 968	42.48	44.67	6 454
		庄浪县	384 199	38.32	41.52	5 739
	临夏回族自治州	康乐县	209 343	24.25	25.12	5 849
		永靖县	367 907	18.47	16.25	5 639
	定西市	通渭县	384 749	40.51	39.78	5 696
	白银市	会宁县	614 214	53.84	52.43	6 283
	天水市	秦安县	547 755	52.48	55.11	6 584
藏族地区	武威市	天祝县	499 689	17.66	16.31	6 369
	甘南藏族自治州	舟曲县	147 475	13.35	12.34	6 185
秦巴山区	陇南市	宕昌县	234 313	27.77	27.14	5 251
		武都区	1 037 419	56.68	51.68	6 161

资料来源:《甘肃发展年鉴 2017》

定西市位于甘肃省中部,属黄土高原丘陵沟壑区,是古“丝绸之路”重镇,辖一区六县,总面积 20 330 km^2,常住人口 278.98 万。其中,通渭县位于定西市东部,地处黄土高原丘陵沟壑区,属温带半湿润半干旱性季风气候,自然条件严酷,境内沟壑纵横,水土流失严重,以干旱为主的自然灾害频发,该县总面积 2 908.5 km^2,常住人口 40.51 万,近年来,旱作循环农业发展卓有成效。

白银市位于甘肃省中部,地处黄土高原和腾格里沙漠过渡地带,辖两区三县,总面积 21 200 km^2,常住人口 171.64 万。其中,会宁县位于白银市南部,总面积 6 439 km^2,常住人口 53.84 万,是白银市面积最大的县区,该县属黄土高原丘陵沟壑区,水土流失严重,以干旱为主的自然灾害频发,是典型的雨养农业区,自古“苦甲天下”,近年来,该县马铃薯、草畜、小杂粮、籽瓜、杏等特色产业发展卓有成效。

天水市位于甘肃省东南部,毗邻关中平原,辖二区五县,总面积14 325 km^2,常住人口332.30万。秦安县位于天水市北部,面积1 601 km^2,常住人口52.48万,人口密度大,人均耕地少,该县属温和半湿润季风气候区,特别适宜于瓜果生长,是我国北方重要果椒生产基地之一,被先后命名为中国名特优经济林桃之乡、中国花椒之乡。

武威市地处河西走廊东端,总面积33 238 km^2,常住人口181.98万,辖一区三县。其中,天祝藏族自治县辖9镇10乡,面积7 149 km^2,常住人口17.66万,共有28个民族,是以藏族为主体的多民族聚居地,该县(岭南岭北属不同气候)海拔较高,气候恶劣,自然灾害频发,第三产业在该县地区生产总值所占的比重超过50%,其中交通运输、仓储物流业增长速度最快。

甘南藏族自治州是我国十个藏族自治州之一,地处甘肃西南部、青藏高原东北边缘与黄土高原西部过渡地带,总面积45 000 km^2,常住人口71.02万,藏族占54.2%,辖一市七县。其中,舟曲县位于甘南州东南部,辖4镇15乡,面积3 010 km^2,常住人口13.35万,其中藏族人口占35.8%,该县属典型的高山峡谷区,平均海拔高,气候恶劣,灾害频发,以优质核桃为主的经济林果产业发展迅速,“舟曲核桃”“舟曲花椒”已正式成为国家级农产品地理标志登记保护产品。

陇南市地处青藏高原边缘岷山山系与西秦岭延伸交错地带,总面积27 900 km^2,常住人口260.41万,辖一区八县,地理位置险要,有“秦陇锁钥,巴蜀咽喉”之称。其中,宕昌县位于陇南市西北部,辖6镇19乡,面积3 331 km^2,常住人口27.77万,属温带大陆性气候,气候温和湿润,中药材种植历史悠久,自古就有“千年药乡、天然药库”之美誉;武都区位于陇南市中部，辖36个乡镇，总面积4 683 km^2，常住人口56.68万，属北亚热半湿润气候向暖温半干旱气候过渡带，气候温和，生物垂直分布明显，该县资源品种多样富集，有“中国花椒之乡”“中国油橄榄之乡”之称。

3）样本农户概况

在样本农户中，少数民族家庭占15.10%，有家庭成员接受过财经训练的家庭占12.18%，健康状况不佳的家庭占12.82%，有老人需要赡养的家庭占28.73%，有子女正在接受教育的家庭占69.81%，户主受教育程度在高中和初中及以下的家庭占85.23%，家庭规模在4~5人的家庭占58.28%，年收入在1万~5万元的家庭占75.16%，净资产在5万~20万元的家庭占70.78%。表3.6反映了此次调查最终抽取的730户样本农户的年龄分布、受教育程度、家庭规模、健康状况、经济状况等方面的大致情况。

表3.6 样本农户概况

Table 3.6 The Basic Information of the Sample Farmers Interviewed

样本农户特征变量	类型	数量	占比(%)
户主年龄	18~29岁	47	7.63
	30~39岁	96	15.58
	40~49岁	268	43.51
	50~59岁	165	26.79
	60岁以上	40	6.49
户主民族	汉族	523	84.90
	少数民族	93	15.10
户主受教育程度	没有上过学	82	13.31
	初中及以下	404	65.59
	高中(包括中专、技校)	121	19.64
	本科及以上	9	1.46

续表

样本农户特征变量	类型	数量	占比(%)
家庭规模	3 人及以下	172	27.92
	4 人	231	37.50
	5 人	128	20.78
	6 人及以上	85	13.80
健康状况	无因病等失去劳动能力的成员	537	87.18
	有因病等失去劳动能力的成员	79	12.82
赡养负担	无赡养负担	439	71.27
	有赡养负担	177	28.73
教育负担	无教育负担	186	30.19
	有教育负担	430	69.81
年收入	1 万元以下	46	7.47
	1 万~2 万元	191	31.01
	2 万~5 万元	272	44.15
	5 万~10 万元	100	16.23
	10 万元以上	7	1.14
是否有家庭成员接受过财经训练	无	541	87.82
	有	75	12.18
净资产	5 万元以下	68	11.04
	5 万~10 万元	171	27.76
	10 万~20 万元	265	43.02
	20 万~50 万元	99	16.07
	50 万元以上	13	2.11

（四舍五入保留两位小数）

3.5　小结

本章旨在通过理论层面的分析为本书实证研究提供适宜的思路、方法和数据，是本书论证得以展开的基础。本章首先说明了金融素质、信贷约束以及家庭资产选择的定义以及测量方法；其次，阐释了本书的研究思路和框架，指出了有待本书验证的两个问题，即金融素质是否对家庭资产选择有直接影响和金融素质是否可能通过缓解信贷约束，进而对家庭资产选择产生影响；其后，介绍了本书在实证检验金融素质、信贷约束与家庭资产选择之间互动机理的过程中所选取的计量分析模型及依据；最后，介绍了兰州理工大学与兰州财经大学“金融素质视角下贫困地区农户家庭资产选择研究”项目组在甘肃省辖集中连片特困区组织实施的农户金融素质及家庭资产配置调查的基本情况，说明了本书实证研究所需数据的来源。

甘肃省辖集中连片特困地区农户金融素质及资产配置现状

要客观全面地反映西部脱贫地区农户金融素质、信贷约束和家庭资产选择之间的关系及作用机理，必须对现状有清晰的认识。围绕本书研究主题，为清晰地刻画西部脱贫地区农户金融素质、信贷约束的现状及家庭资产选择的异质性特征，进一步明确其中存在的问题，进而为后续实证分析提供充分的数据准备和明确的问题导向，本章从3个方面展开，分别介绍甘肃省辖集中连片特困区农户金融素质、信贷约束以及家庭资产配置的现状。

4.1 甘肃省辖集中连片特困地区农户金融素质现状

4.1.1 样本农户金融素质测试问题作答情况

1）样本农户金融知识测试问题作答情况

如前文所述，此次调查所使用的调查问卷中的金融素质模块由金融知识、金融态度、金融行为三类测试问题组成，其中针对金融知识的测试问题总共有七个，图4.1反映了样本农户的具体作答情况。对于“单利计算”“复利计算”“货币的时间价值”三个问题而言，回答可得分的样本农户所占的比重均超过50%，远高于其他问题，说明样本农户对这三个问题的熟识程度优于其他问题，这可能与储蓄产品（银行等正规金融机构）以及借贷产品(正规和非正规)在西部脱贫地区农户生产生活中所起到特殊作用有关。样本农户对“投资风险的认知”“通货膨胀的认知”“风险分散”以及“货币的时间价值”四个问题的回答多为“不知道”,说明样本农户对金融学的基本知识和金融市场的认知严重不足,金融知识缺乏的现象非常普遍。

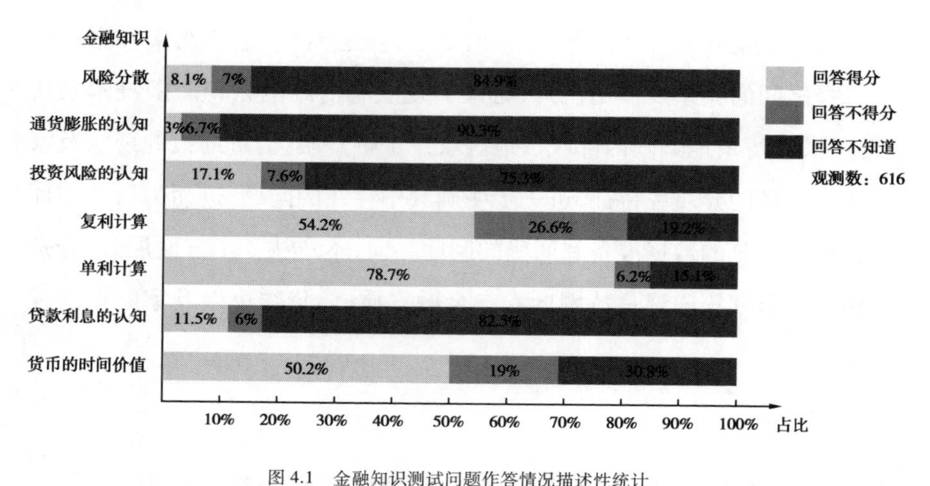

图 4.1　金融知识测试问题作答情况描述性统计

Figure 4.1　The Description Statistics on the Answers to the Questions Related to Financial Knowledge

2)金融行为测试问题作答情况

此次调查所使用的调查问卷中,总共有八个针对金融行为的测试问题,图 4.2 则反映了样本农户的具体作答情况。“及时还债”“储蓄的自觉性”“量入而出的习惯”和“密切关注家庭财务状况的习惯”四个问题,回答可得分的样本农户的占比都接近或超过 65%;对于其他问题而言,回答可得分的样本农户的占比则不足或接近 40%,尤其是对“金融产品的选择”问题回答可得分的样本农户的占比还不足 10%。样本农户在“量入而出”等四个问题上高比例的可得分的回答,以及在“金融产品的选择”等问题上高比例的“不知道”的回答,反映了我国西部脱贫地区农户在特定情境中养成并沿袭的独特行为习惯和经营方式，即由于自身能力的欠缺以及各类基础设施的不完备，我国西部脱贫地区农户的金融行为往往表现出明显的两面性：一方面，有储蓄积极、支出保守、监管严密以及借贷有信的特征；另一方面，又有对信贷产品以外的金融产品比较陌生、应对入不敷出状态的措施比较单一、合理预算并以预算方式管理收支的能力不足、家庭经营目标不明确的特征。

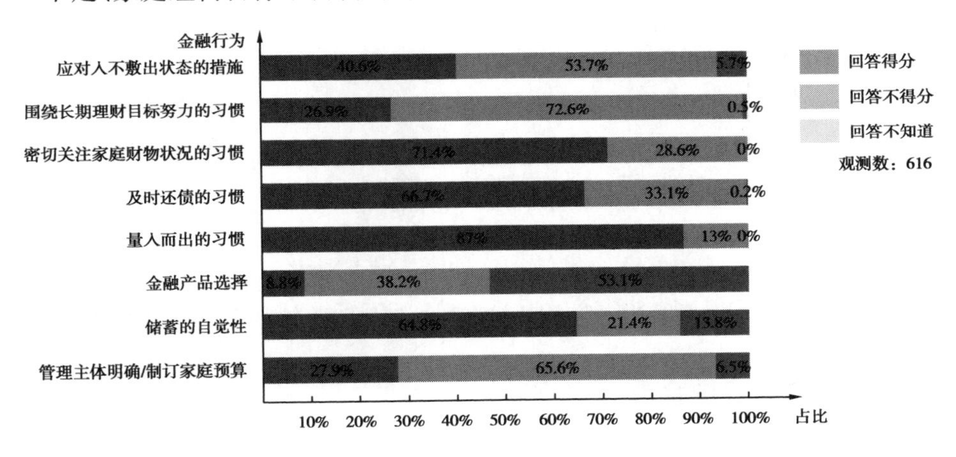

图 4.2　金融行为测试问题作答情况描述性统计

Figure 4.2　The Description Statistics on the Answers to the Questions Related to Financial Behavior

3）金融态度测试问题作答情况

此次调查所使用的调查问卷中，仅有三个针对金融态度的测试问题，根据经合组织（OECD）发布的《金融素质评分指南》，金融态度最高分值为5，分值越接近5，说明金融态度越保守。图4.3则反映了样本农户的具体作答情况。对于“如何看待当下和未来”“如何看待储蓄和消费”以及“如何看待财物”问题，回答在“3或3以上”样本农户的占比均超过90%，说明样本农户的金融态度非常保守，与当下的享乐相比，样本农户更关心未来财务安全，与消费相比，样本农户更热衷于储蓄，与“千金散尽还复来”的观念相比，样本农户更愿意相信钱财来之不易、散而难聚。

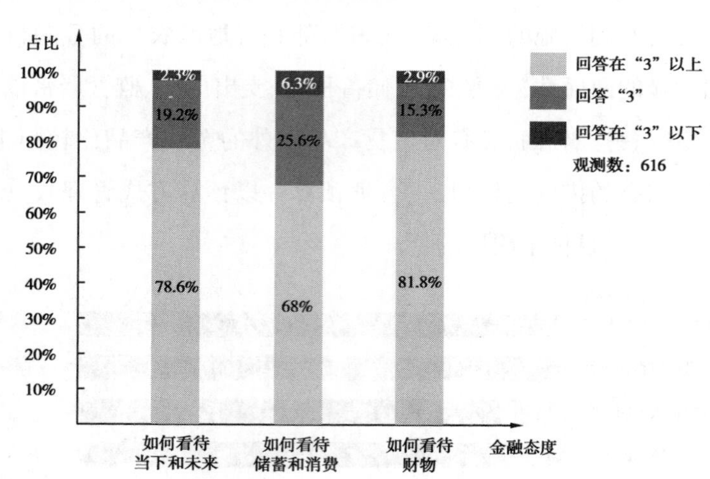

图 4.3　金融态度测试问题作答情况描述性统计

Figure 4.3　The Description Statistics on the Answers to the Questions Related to Financial Attitude

4.1.2　样本农户金融素质现状

鉴于本书选取了两种方法拟制金融素质相关指标，因此，样本农户金融素质的现状，自然存在两种表达。

表 4.1 首先展示了简单汇总赋值法拟制的样本农户金融素质相关指标的描述性统计结果。所谓简单汇总赋值法，即使用回答符合得分标准的测试问题的数量以及事先设定的标准化评分标准中所对应的分值来衡量样本农户的金融知识、金融行为以及金融态度，简单加总三者得分最终为金融素质赋值的方法[125]。根据经合组织（OECD）发布的《金融素质评分指南》，金融素质最高分值为 20 分（其中，金融知识为 7 分，金融行为为 8 分，金融态度为 5 分）[1]。

表 4.1 显示：样本农户金融素质的平均得分仅为最高分值的一半，标

准差则达到 2.27，说明样本农户的金融素质水平很低且彼此间差异很大。在金融素质指标的三个构成要件中，样本农户金融知识和金融行为的平均得分均未达到最高分值的一半且离散程度很高，金融态度平均得分则接近最高得分且离散程度很小，充分说明样本农户金融知识严重缺乏，金融行为不够审慎，金融态度则过于保守[1]。

表 4.1 样本农户金融素质及构成要件描述性统计（简单汇总赋值法）

Table 4.1 The Description Statistics on Sample Farmers' Financial Literacy and Its Three Components (total score)

变量名称	观测值	平均值	标准差	最大值	最小值
金融素质	616	10.25	2.27	16	3
金融知识	616	2.23	1.48	6	0
金融行为	616	3.93	1.29	7	1
金融态度	616	4.09	0.64	5	2

（四舍五入保留两位小数）

此外，表 4.2 报告了根据不同标准划分的不同类型的样本农户金融素质的分布情况。表 4.2 显示：第一，对于年收入水平以及净资产规模的不同样本农户而言，金融素质的平均得分也存在明显的差异，但是二者之间大致呈现正向关系，金融素质平均得分较高的样本农户，收入水平和净资产规模同样居于较高水平，说明在我国西部脱贫地区，农户金融素质可能正向影响家庭财富水平；第二，与户主学历在高中以下的样本农户相比，户主学历在高中及以上的样本农户金融素质的平均得分更高，标准差则更低，说明在我国西部脱贫地区，特定农村社区独有的传播教育系统与其他外部传播教育系统之间存在竞合关系，外部传播教育系统的强势介入将对农户及所属农村社区固有的行为习惯、知识结构以及处事态度产生巨大的影响，其中高等教育、义务教育等普适性的传播教育系统对农户金融素质有正向影响；第三，对于居住地距离县城20千米以内的样本农户而言，金融素质的平均得分要高于居住地距离县城20千米以上的样本农户，但是差别不是很大，说明在我国西部脱贫地区，距县城的距离变量所代表的城镇与乡村之间在金融便利性方面的差异，对农户金融素质的影响相对较弱，可能的解释是，对于西部脱贫地区而言，金融生态环境整体上比较脆弱，城镇与乡村之间在金融便利性以及市场交易活跃程度方面存在一定的差异，但是差别不大；第四，对于户主年龄在50岁以上的样本农户而言，金融素质的平均得分低于其他年龄段样本农户，但是差别同样不明显[1]。

表4.2 不同类型样本农户金融素质分布特征（简单汇总赋值法）

Table 4.2 The Distribution Characteristics of Different Types of Sample Farmers' Financial Literacy (Total Score)

样本农户类型	观测值	平均值	标准差	最大值	最小值
40岁以下（户主年龄）	140	10.41	2.12	15.67	5.67
40~50岁（户主年龄）	269	10.60	1.96	16.00	5.67
50岁以上（户主年龄）	207	9.75	2.58	15.67	4.00
初中及以下（户主学历）	486	9.74	2.03	16.00	4.00
高中及以上（户主学历）	130	12.25	1.90	16.00	7.67
年收入2万元以下	237	8.75	1.72	13.67	4.00
年收入2万~5万元	272	10.64	1.87	16.00	5.67
年收入5万元以上	107	12.70	1.51	15.67	8.67
净资产低于10万元	203	8.45	1.64	13.67	4.00
净资产10万~20万元	200	10.10	1.67	16.00	5.67
净资产高于20万元	213	12.17	1.61	16.00	8.33
距离县城20千米以下	213	11.87	2.21	16.00	4.67
距离县城20千米以上	373	10.15	2.26	16.00	4.00

（四舍五入保留两位小数）

其次,采用因子分析赋值法拟制金融素质相关指标,即通过因子分析的方法分别计算样本农户金融知识、金融行为以及金融态度的得分,然后简单加总三者得分最终为金融素质赋值[21,42,108]。由于此次调查所使用的调查问卷中,与金融态度对应的3个测试问题的作答选项均为李克特量表,仅要求样本农户在李克特量表中选择特定的数字来反映对特定测试问题持有的态度(1表示完全赞同,5表示完全不赞同),因此,无需通过构建虚拟变量等其他转换程序便可直接采用迭代主因子法进行因子分析;然而,对于金融知识和金融行为而言,由于与其对应的测试问题均是对特定情境下特定问题的再现,要求样本农户根据自身认知水平给出具体的判断或者计算结果,并不具备直接进行因子分析的条件,因此,本书针对每个测试问题的作答情况,重新构建了虚拟变量。具体来说,该变量有3个取值,回答可以得分取"3"、已作答但不能得分取"2"、回答不知道取"1"。经过上述转换后,再采用迭代主因子法进行因子分析。

表4.3中的KMO检验结果表明样本适合做因子分析。

表4.3 因子分析KMO和Bartlett检验结果

Table 4.3 The KMO and Bartlett Test Results of Factor Analysis

	金融知识	金融行为	金融态度
取样足够度的Kaiser-Meyer-Olkin度量	0.655	0.651	0.615
Bartlett的球形度检验 近似卡方	888.34	731.113	328.849
df	21	28	3
Sig.	0	0	0

(四舍五入保留三位小数)

表4.4详细描述了金融知识提取变量统计特征,从四因子旋转载荷可以看出,风险及通胀预期因子主要来自于"风险分散的认知""投资风险的认知"和"通货膨胀的认知"三个变量,体现了样本农户对宏观经济

形势和微观投资风险的预测处理能力。利息计算因子主要来自于“单利计算”和“复利计算”两个变量,体现了样本农户对利率的认知水平。货币贬值认知因子主要来自于“货币时间价值的认知”变量,体现了样本农户积极应对货币价值变动的能力。借贷成本认知因子主要来自于“贷款利息的认知”变量,体现了样本农户积极应对借贷负担的能力。

表 4.4　金融知识指标提取的因子降维过程

Table 4.4　The Factor Dimensionality Reduction Process of Financial Knowledge Index Extraction

初始提取变量	回答正确比率(%)	四因子旋转载荷			
		风险及通胀预期	利息计算	货币贬值认知	借贷成本认知
风险分散的认知	8.12	0.826	0.079	0.093	−0.059
投资风险的认知	17.05	0.775	0.195	0.234	0.068
通货膨胀的认知	3.25	0.767	0.023	−0.082	0.029
单利计算	78.73	0.018	0.898	0.173	−0.038
复利计算	54.22	0.218	0.867	0.027	0.17
货币时间价值的认知	50.16	0.113	0.152	0.964	0.068
贷款利息的认知	11.53	0.008	0.086	0.066	0.988

(四舍五入保留三位小数)

表 4.5 显示因子旋转后“风险及通胀预期因子”“利息计算因子”“货币贬值认知因子”以及“借贷成本认知因子”特征值均超过 1,符合 Kaiser 准则,即特征值超过 1 为界,超过 1 的才纳入因子数[157]。同时,表 4.5 还显示上述四因子旋转前后的累计解释方差比率均超过 80%,说明适合做因子分析。最后,本书根据四因子旋转矩阵的方差解释比例在四因子旋转后的累计解释方差比率中占的比重为权重,拟合金融知识指标,衡量样本农户的金融知识水平。

表 4.5 因子旋转前后因子分析结果

Table 4.5 The Factor Analysis Results before and after Factor Rotation

因子名称	因子旋转前			因子旋转后		
	特征值	解释比率（%）	累计比率（%）	特征值	解释比率（%）	累计比率（%）
风险及通胀预期	2.465	35.22	35.22	1.932	27.597	27.597
利息计算	1.376	19.656	54.875	1.633	23.324	50.92
货币贬值认知	0.948	13.541	68.416	1.034	14.772	65.692
借贷成本认知	0.829	11.844	80.26	1.02	14.568	80.26

（四舍五入保留三位小数）

表 4-6 详细描述了金融行为提取变量统计特征，从五因子中的旋转因子载荷可以看出，审慎因子主要来自于“量入而出的习惯”“围绕长期理财目标努力的习惯”和“金融产品选择的审慎程度”3 个变量，说明样本农户对日常开支、储蓄及投资理财活动的重视和谨慎程度。规划因子主要来自于“管理主体明确/制订家庭预算”和“储蓄的自觉性”两个变量，说明样本农户系统安排日常开支和储蓄的习惯和能力。应急因子主要来自于“合理应对入不敷出状态的习惯”变量，说明样本农户应对突发事件的合理程度和能力。熟悉因子主要来自于“密切关注家庭财务状况的习惯”变量，说明样本农户对自身财务收支状况的熟悉程度。诚信因子主要来自于“及时还债的习惯”变量，说明样本农户的诚信水平。

表 4.6　金融行为指标提取的因子降维过程

Table 4.6　The Factor Dimensionality Reduction Process Of Financial Behavior Index Extraction

初始提取变量	回答正确比率(%)	五因子旋转载荷				
		审慎因子	规划因子	应急因子	监管因子	诚信因子
量入而出的习惯	87.01	−0.847	−0.038	0.148	0.066	−0.072
围绕长期理财目标努力的习惯	26.95	0.772	0.159	0.12	−0.366	−0.122
金融产品选择的审慎程度	8.77	0.658	0.024	0.297	0.214	0.358
管理主体明确/制订家庭预算	27.92	−0.048	0.908	−0.023	−0.021	0
储蓄的自觉性	64.77	0.262	0.73	0.261	0.039	0.148
合理应对入不敷出状态的习惯	40.58	0.018	0.131	0.95	−0.071	−0.008
密切关注家庭财务状况的习惯	71.43	−0.12	0.025	−0.057	0.914	−0.2
及时还债的习惯	66.72	0.073	0.1	−0.015	−0.207	0.924

（四舍五入保留三位小数）

同样，表 4.7 显示因子旋转后“审慎因子”“规划因子”“应急因子”“熟悉因子”以及“诚信因子”特征值均超过 1，且上述五个因子旋转前后的累计解释方差比率均超过 80%，既符合 Kaiser 准则，也说明适合做因子分析。最后，本书根据五因子旋转矩阵的方差解释比例在五因子旋转后的累计解释方差比率中占的比重为权重，拟合金融行为指标，衡量样本农户的金融行为水平。

表 4.7　因子旋转前后因子分析结果

Table 4.7　The Factor Analysis Results before and after Factor Rotation

因子名称	因子旋转前			因子旋转后		
	初始特征值	解释比率(%)	累计比率(%)	初始特征值	解释比率(%)	累计比率(%)
审慎因子	2.381	29.759	29.759	1.837	22.966	22.966
规划因子	1.342	16.777	46.536	1.412	17.649	40.615
应急因子	1.052	13.148	59.684	1.099	13.737	54.352
熟悉因子	0.91	11.374	71.057	1.069	13.362	67.714
诚信因子	0.796	9.949	81.006	1.063	13.293	81.006

（四舍五入保留三位小数）

表4.8详细描述了金融态度提取变量统计特征,从两因子中的旋转因子载荷可以看出,未来观因子主要来自于“如何看待当下和未来”变量,反映样本农户对待及时行乐的态度。财物观因子主要来自于“如何看待财物”变量,反映样本农户对待钱财的态度。

表4.8 金融态度指标提取的因子降维过程

Table 4.8 The Factor Dimensionality Reduction Process of Financial Attitude Index Extraction

初始提取变量	回答在“3”及以上的比例(%)	两因子旋转载荷	
		未来观因子	财物观因子
如何看待当下和未来	78.57	0.942	0.08
如何看待储蓄和消费	68.02	0.661	0.544
如何看待财物	81.82	0.128	0.955

(四舍五入保留三位小数)

同样,表4.9显示因子旋转后“未来观因子”以及“财物观因子”特征值均超过1,且上述两个因子旋转前后的累计解释方差比率均超过80%,既符合Kaiser准则,也说明适合做因子分析。拟合金融态度指标的权重也由两因子旋转矩阵的方差解释比例在两因子旋转后的累计解释方差比率中占的比重来确定。

表4.9 因子旋转前后因子分析结果

Table 4.9 The Factor Analysis Results before and after Factor Rotation

因子名称	因子旋转前			因子旋转后		
	特征值	解释比率(%)	累计比率(%)	特征值	解释比率(%)	累计比率(%)
未来观因子	1.839	61.284	61.284	1.34	44.666	44.666
财物观因子	0.716	23.866	85.15	1.215	40.484	85.15

(四舍五入保留三位小数)

表 4.10 展示了因子分析赋值法拟制的样本农户金融素质相关指标的描述性统计结果。结果显示:样本农户金融素质指标的均值很低且标准差很高。金融素质指标的三个构成要件中,金融知识和金融行为指标的均值也呈现出相同特征,进一步映证了表 4.1 的统计结果,说明样本农户金融知识严重缺乏而金融行为也不够审慎;金融态度则不同,指标的均值和标准差均呈现较低水平,由于在因子分析前,本书调整了金融态度的评分标准,对调查结果也做了等值的反向转换,最终金融态度指标的取值与样本农户保守程度呈现为反比关系(以便于分析结果的呈现和解说),因此,该结果事实上也映证了表 4.1 的统计结果,同样说明样本农户的金融态度非常保守。

表 4.10 样本农户金融素质及其构成要件描述性统计(因子分析赋值法)

Table 4.10 The Description Statistics on Sample Farmers' Financial Literacy and Its Three Components (Factor Analysis)

变量名称	观测值	平均值	标准差	最大值	最小值
金融素质	616	0.012	0.923	2.653	-3.606
金融知识	616	0.003	0.518	1.352	-0.864
金融行为	616	0.005	0.454	1.297	-1.382
金融态度	616	0.004	0.104	0.994	-2.921

(四舍五入保留三位小数)

表 4.11 则报告了根据不同标准划分的不同类型的样本农户金融素质的分布情况。由于与采用简单汇总赋值法测算的样本农户金融素质分布特征基本一致,因此,不再做过多的解释。

表 4.11 不同类型样本农户金融素质分布特征(因子分析赋值法)

Table 4.11 The Distribution Characteristics of Different Types of Sample Farmers' Financial Literacy (Factor Analysis)

样本农户类型	观测值	平均值	标准差	最大值	最小值
40 岁以下(户主年龄)	140	−0.105	0.880	1.83	−2.43
40~50 岁(户主年龄)	269	0.171	0.776	2.32	−3.61
50 岁以上(户主年龄)	207	−0.116	1.086	2.65	−3.21
初中及以下(户主学历)	486	−0.101	0.914	2.27	−3.61
高中及以上(户主学历)	130	0.433	0.828	2.65	−1.62
年收入 2 万元以下	237	−0.404	0.927	1.52	−3.61
年收入 2 万~5 万元	272	0.118	0.812	1.94	−2.39
年收入 5 万元以上	107	0.660	0.707	2.65	−1.05
净资产低于 10 万元	203	−0.484	0.925	1.52	−3.61
净资产 10 万~20 万元	200	−0.046	0.815	1.77	−2.39
净资产高于 20 万元	213	0.537	0.717	2.65	−1.65
距离县城 20 千米以下	213	0.0942	2.211	2.65	−3.21
距离县城 20 千米以上	373	−0.034	0.898	2.32	−3.61

(四舍五入保留三位小数)

4.2 甘肃省辖集中连片特困地区农户信贷约束现状

4.2.1 样本农户信贷需求和信贷获取现状

本书首先从三个角度分别考察样本农户对信贷产品的需求以及实际获取情况,详细数据见表 4.12。之所以事先对此作出交代,就是再次强调仅通过该阶段的分析无法全面精准地反映样本农户受到信贷约束的实际情况。表 4.12 显示,有超额信贷需求的样本农户、申请过贷款的样本农户以及贷过款的样本农户三项指标之间并非完全对应,恰好证明了这一点。

表 4.12　样本农户信贷需求和信贷获取现状

Table 4.12　The Status Quo of Sample Farmers' Excess Credit Demand and Loan Application

变量名称	是		否		合计	
	户	占比(%)	户	占比(%)	户	占比(%)
是否得到贷款	100	16.23	516	83.77	616	100
是否申请贷款	152	24.68	464	75.32	616	100
是否存在超额信贷需求	264	42.86	352	57.14	616	100

(四舍五入保留两位小数)

4.2.2　样本农户信贷约束和信贷配给现状

本书进一步以信贷市场客观存在的七种不同类型的信贷配给为参照,考察样本农户受到信贷约束的基本情况。调查数据显示,有 60 户样本农户受到借贷型价格配给,占比达 9.74%;受到部分数量配给和完全数量配给的样本农户分别是 40 户和 52 户,合计占比接近 15%;因为不愿承担抵押风险或者过高的交易成本而放弃借贷申请,进而受到风险或交易成本配给的样本农户共有 82 户,占比达 13.31%;此外,还有 90 户样本农户因为认知偏差或者自我抑制而放弃借贷申请进而受到自我配给,占比同样接近 15%;受到未借贷型价格配给的样本农户有 292 户,几乎占到全部样本农户的一半[1]。

如本书第 3 章所述,信贷约束分为供给型和需求型两类[50],供给方配给引发的信贷约束包括完全数量信贷配给(不再包含自我配给)和部分数量信贷配给,需求方未申请引发的信贷约束包括自我配给、风险配给和交易成本配给。以此为标准，本书归纳总结了样本农户承受信贷约束的基本情况(详见表4.13)。调查数据显示，有超额信贷需求而受到信贷约束的样本农户共264户，占总样本的42.86%，其中，有172户是由于自身未申请而受到信贷约束，占有超额信贷需求而受到信贷约束样本农户的65.15%，此外，还有92户则是由于供给方配给而受到信贷约束；没有超额信贷需求而未受信贷约束的样本农户共352户，占总样本的57.14%[1]。

表4.13　样本农户承受信贷约束的现状

Table 4.13　The Status Quo of Credit Constraints Imposed on Sample Farmers

变量名称	户	占比(%)
没有信贷约束	352	57.14
需求方未申请引发的信贷约束	172	27.92
供给方配给引发的信贷约束	92	14.94
合计	616	100.00

(四舍五入保留两位小数)

4.3　甘肃省辖集中连片特困地区农户金融风险市场参与及资产配置现状

4.3.1　样本农户金融风险市场参与现状

表4.14给出了样本农户参与不同类型金融风险市场的详细情况。首先来看参与正规金融风险市场的现状。在样本农户中，有59户持有正规金融风险资产，占比不到10%，所持有的正规金融风险资产的类型也主

要集中在表4.14所列的4种资产的范围之内,说明西部脱贫地区农户正规金融风险市场参与程度很低。在上述4种类型的正规金融风险资产中,持有银行理财产品的样本农户的占比最高,有32户,达到5.19%,持有股票和基金的样本农户,分别仅有9户和8户,占比最低,均未达到1.5%,说明相对于基金和股票,西部脱贫地区农户更倾向于诸如银行理财产品之类程序简便、风险较低的金融产品。

表4.14 样本农户金融风险市场参与现状

Table 4.14 The Status Quo of Sample Farmers' Financial Market Participation

金融风险资产种类	持有		未持有		合计	
	户	占比(%)	户	占比(%)	户	占比(%)
股票	9	1.46	607	98.54	616	100.00
银行理财产品	32	5.19	584	94.81	616	100.00
基金	8	1.30	608	98.70	616	100.00
互联网理财产品	16	2.60	600	97.40	616	100.00
小计(正规金融风险资产)	59	9.58	557	90.42	616	100.00
对外借款	54	8.77	562	91.23	616	100.00
金融风险资产(含对外借款)	107	17.37	509	82.63	616	100.00
城镇房产	75	12.18	541	87.82	616	100.00

(四舍五入保留两位小数)

为了更清晰地展示西部脱贫地区农户在家庭资产选择方面的异质性特征,本书还考察了西部脱贫地区农户在非正规金融风险市场的投资行为以及在城镇的购房行为。表4.14显示,在样本农户中,有对外借款的达54户,占比为8.77%,在城镇购置房产的农户更是高达75户,占比为12.18%。这说明,在西部脱贫地区,以民间借贷市场为代表的非正规金融风险市场依然发挥着重要作用,相对于正规金融风险市场而言,西部脱贫地区农户参与民间借贷等非正规金融风险市场的积极性更高,对非正规金融风险市场的依赖性更强。同时,西部脱贫地区农户在城镇购置房屋的意愿同样比较强烈,房地产市场的参与率也相对较高。

考虑到我国二元经济结构所造成的巨大城乡差异,本书以是否有家庭成员担任公职为依据,将样本农户分为两部分,分别考察了二者参与金融风险市场的现状,进一步明确城乡二元经济结构对西部脱贫地区农户家庭资产选择产生的影响。所谓担任公职特指政府机关、事业单位以及国有企业的正式在编人员。在我国西部脱贫地区,家中有家庭成员担任公职的农户事实上已经在某种程度上超越了城乡二元经济结构的限制,能够有条件地进入城市金融市场获取更为便捷的金融服务,考察此类农户金融风险市场参与和其他农户的不同,实际上也在一定程度上反映了城乡家庭资产选择行为的差异。

表4.15展示了二者的比较结果。结果显示:有家庭成员担任公职的样本农户为28户,占总样本的4.55%,其中,60.71%的农户参与了正规金融风险市场,28.57%的农户参与了非正规金融风险市场(对外借款),在所有已参与正规金融风险市场的59户样本农户中,有家庭成员担任公职的样本农户的占比更是达到28.81%。无家庭成员担任公职的样本农户为588户,占总样本的95.45%,其中,仅有7.14%的农户参与正规金融风险市场,7.82%的农户参与非正规金融风险(含对外借款)市场。可见,在西部脱贫地区,有家庭成员担任公职对农户金融风险市场参与,尤其是正规金融风险市场参与可能存在正向影响。

表 4.15　不同类型样本农户金融风险市场参与现状比较

Table 4.15　The Comparison of the Status Quo of Different Types of Sample Farmers' Financial Market Participation

样本农户类型	样本数	正规金融风险市场				非正规金融风险市场(对外借款)			
		参与户		未参与户		参与户		未参与户	
			占比(%)		占比(%)		占比(%)		占比(%)
有家庭成员担任公职	28	17	60.71	11	39.29	8	28.57	20	71.43
无家庭成员担任公职	588	42	7.14	546	92.86	46	7.82	542	92.18
合计	616	59		557		54		562	

(四舍五入保留两位小数)

4.3.2　样本农户金融风险资产配置现状

表 4.16 反映了样本农户的金融风险资产配置现状,进一步说明了样本农户参与金融风险市场的深度。总的来看,样本农户配置到正规金融风险资产和对外借款的资产比重都不高。其中,对于已参与金融风险市场的样本农户而言,绝大多数都将配置到正规金融风险资产或者对外借款的资产的比例控制在 10%~20%,正规金融风险资产以及对外借款的比例在 30%以上的样本农户则仅有 6 户和 9 户,占总样本的比例分别为 0.97%和 1.46%,除此之外,还有 90.42%的样本农户未参与正规金融风险市场,有 91.23%的样本农户没有对外借款,金融风险资产占比均为 0。可见,对于西部脱贫地区农户而言,不仅金融风险市场的参与率不高,金融风险市场的参与深度也十分有限。

表 4.16 样本农户金融风险资产配置现状

Table 4.16 The Status Quo of Sample Farmers' Asset Allocation

比例分布	正规金融风险资产		对外借款	
	户	占比(%)	户	占比(%)
0	557	90.42	562	91.23
0~10%	3	0.49	7	1.14
10%~20%	35	5.68	23	3.73
20%~30%	15	2.44	15	2.44
30%以上	6	0.97	9	1.46
合计	616	100	616	100

(四舍五入保留两位小数)

同样,本书考察了是否有家庭成员担任公职对样本农户金融风险市场参与深度的影响。表 4.17 比较了有家庭成员担任公职和没有家庭成员担任公职的样本农户金融风险资产配置的现状。表 4.17 显示,在正规金融风险市场参与深度方面,有家庭成员担任公职的样本农户与无家庭成员担任公职的样本农户存在较大的差异;在非正规金融风险市场的参与深度方面,二者的差异则不大。在有家庭成员担任公职的样本农户中,正规金融风险资产配置比在 10%~30%的达到 15 户,占比超过 50%,在所有参与正规金融风险市场的样本农户中的占比也达到了 25.42%,远远高于没有家庭成员担任公职的样本农户。这说明,尽管从总体来看,无论是正规金融风险市场还是非正规金融风险市场,西部脱贫地区农户参与的深度都十分有限,但是,由于受到是否有家庭成员担任公职等特定因素的影响,不同类型农户在正规金融风险市场的参与深度方面还是存在一定差异。

表 4.17　不同类型样本农户金融风险资产配置现状比较

Table 4.17　The Comparison of the Status Quo of Different Types of Sample Farmers' Asset Allocation

样本农户类型	正规金融风险资产										合计	
	0		0~10%		10%~20%		20%~30%		30%以上			
	户	占比(%)	户	占比(%)	户	占比(%)	户	占比(%)	户	占比(%)	户	占比(%)
有家庭成员担任公职	11	39.29	1	3.57	12	42.86	3	10.71	1	3.57	28	100
无家庭成员担任公职	546	92.86	2	0.34	23	3.91	12	2.04	5	0.85	588	100
样本农户类型	对外借款										合计	
	0		0~10%		10%~20%		20%~30%		30%以上			
	户	占比(%)	户	占比(%)	户	占比(%)	户	占比(%)	户	占比(%)	户	占比(%)
有家庭成员担任公职	20	71.43	2	7.14	3	10.72	2	7.14	1	3.57	28	100
无家庭成员担任公职	500	85.03	11	1.87	43	7.32	23	3.91	11	1.87	588	100

（四舍五入保留两位小数）

4.4　小结

本章是本书论证过程的开端，旨在达成两项目标：一是利用相关调查数据，清晰地刻画记录西部脱贫地区农户金融素质、信贷约束的现状及家庭资产选择的异质性特征；二是为深入透彻地分析三者之间的互动机理提供充分的数据支撑。

针对金融素质概念的界定测量问题，参照前一章确定的界定与测量方法，本章采用经合组织（OECD）为第二次跨国金融素质调查（2015 年）构建的标准化金融素质测量评估体系作为金融素质概念的测量工具。该工具最突出的特点是采用多维度宽口径标准界定测量金融素质（金融知识、金融态度、金融行为三个维度）。关于金融素质指标的拟制，本书使用了简单汇总赋值和因子分析赋值两种方法。经过调查发现：①样本农户金融素质指标的平均得分很低，金融素质的整体水平低下。②样本农户金融素质指标离散程度较高，收入水平、净资产规模以及受教育程度不同的样本农户的金融素质存在明显差异。③样本农户金融知识指标的平均得分很低且离散程度很高。在构成金融知识指标的七类问题中，样本农户对"投资风险的认知""通货膨胀的认知""风险分散"以及"货币的时间价值"四类常识性问题普遍存在认知盲区，金融知识缺乏问题非常突出。还需要强调的是，在组成金融素质指标的三个模块中，金融知识指标平均得分最低且离散程度最高。④样本农户对于构成金融态度指标的三类问题的回答在"3 或 3 以上"的比例则均超过 90%，说明对待财物和消费的态度非常保守。⑤与金融知识指标类似，样本农户金融行为指标的平均得分很低且离散程度很高。在构成金融行为指标的八类问题中，样本农户的回答的可得分比例呈现两极分化现象，对"量入而出的习惯"等四类问题的回答的可得分比例都接近或超过 65%，对"金融产品的选择"等四类问题的回答的可得分比例则接近或低于 40%，农户的金融行为表现出偏执的一面。⑥在特定情境中，我国西部脱贫地区农户逐渐养成并沿袭着一套独特的行为习惯和经营方式。由于自身能力的欠缺以及各类基础设施的不完备，我国西部脱贫地区农户的金融行为往往表现出明显的两面性：一方面，有储蓄积极、支出保守、监管严密以及借贷有信的特征；另一方面，又有对信贷产品以外的金融产品比较陌生、应对入不敷出状态的措施比较单一、合理预算并以预算方式管理收支的能力不足、家庭经营目标不明确的特点。

针对信贷约束及背后信贷配给机制的识别与分类，参照前一章确定的方法，本章对信贷约束的分类识别标准也做了相应的调整，自我配给被视为独立于完全数量配给的第七种信贷配给类型而成为需求信贷约束重要的诱发机制。具体的分类识别标准如下：信贷约束分为供给型和需求型两类，供给信贷约束由部分数量或者完全数量配给机制引发，而需求信贷约束则由风险、交易成本或者自我配给机制引发，未借贷型价格配给和借贷型价格配给则不构成信贷约束[1]。经过调查发现：①样本农户中，存在超额信贷需求而受到信贷约束的农户依然占到40%以上，样本地区农户信贷约束问题依然严重。②存在超额信贷需求而受到信贷约束的样本农户中，受需求信贷约束的农户所占的比重超过60%，样本地区农户面临的需求信贷约束问题更为突出。③存在超额信贷需求而承受信贷约束的样本农户中，归因于自我配给机制的农户所占比重最大，达到34.09%，在受需求信贷约束样本农户中所占的比重更是超过半数，由于自我配给完全归因于信贷需求方对自身可能获得的最佳信贷合约条件的认知偏差，因此，认知偏差已经成为阻碍样本地区农户信贷需求获得满足，引发需求信贷约束最重要的原因。

针对家庭资产选择的界定与测量，参照前一章确定的方法，本章从金融风险市场参与和资产配置两个层面界定与测量家庭资产选择，其中金融风险市场参与由家庭是否持有金融风险资产来刻画，家庭资产配置则由持有的金融风险资产占家庭净资产的比重来刻画。根据在甘肃省辖集中连片特困地区开展的农户金融素质和家庭资产配置调查所获得的信息，本章定义的金融风险资产分为正规金融风险资产和非正规金融风险资产两大类。其中，正规金融风险资产所涵盖的范围较广，泛指银行理财产品、黄金、股票、基金等能够合法流通的金融风险资产（房产除外）；非正规金融风险资产则仅仅涵盖民间借贷。经调查发现：①样本农户中，持有正规金融风险资产的家庭的占比不到10%，持有正规金融风险资产的类型只有四种，西部脱贫地区农户参与正规金融风险市场的积极性不高，正规金融风险市场参与率很低。②在正规金融风险资产中，持有银行理财产品的样本农户所占的比重远远高于持有股票和基金的样本农户，说明相对于股票和基金而言，西部脱贫地区农户更倾向于诸如银行理财产品之类程序简便、风险较低的金融产品。③相对于正规金融风险市场而言，西部脱贫地区农户参与民间借贷等非正规金融风险市场的积极性更高，同时，西部脱贫地区农户在城镇购置房屋的意愿比较强烈，房地产市场的参与率相对较高。④在西部脱贫地区，有家庭成员担任公职对农户金融风险市场参与，尤其是正规金融风险市场参与有正向影响。⑤样本农户持有的正规金融风险资产和对外借款的比重都不高，西部脱贫地区农户参与金融风险市场的深度十分有限。⑥在正规金融风险市场参与深度方面，有家庭成员担任公职的样本农户与无家庭成员担任公职的样本农户存在较大的差异；在非正规金融风险市场的参与深度方面，二者的差异则不大。

5

金融素质对西部脱贫地区农户信贷约束的影响

根据本书的研究思路和分析框架，本章旨在说明金融素质对信贷约束的影响及作用机理，主要包括以下三项研究内容：一是利用实地调查数据，采用描述性统计方法说明样本农户金融素质与信贷约束及对应的信贷配给机制之间可能存在的联系；二是设定一个简约多元 Logit 模型实证检验样本农户金融素质对承受信贷约束及对应的信贷配给机制的可能性所带来的影响，通过估计上述影响的边际效应，揭示金融素质在其中所起到的作用及影响机理；三是说明本章的研究结论。从研究思路来看，本章主要参照刘西川和程恩江所提出的农户信贷约束及背后信贷配给机制的分析框架[50]。

本章结构如下：第一部分采用描述性统计分析方法考察金融素质对西部脱贫地区农户信贷约束的影响；第二部分采用计量分析方法考察金融素质对西部脱贫地区农户信贷约束的影响，第三部分小结。

5.1 金融素质对西部脱贫地区农户信贷约束影响的描述性统计分析

如本书第 3 章所述，本书的数据来源是甘肃省辖集中连片特困区农户金融素质和家庭资产配置调查（兰州理工大学与兰州财经大学“金融素质视角下贫困地区农户家庭资产选择研究”项目组）。有关此次调查的基本情况、本章实证检验所涉及的金融素质、信贷约束等关键解释变量的界定与测量以及甘肃省辖集中连片特困区农户金融素质和信贷约束的现状在本书第 3 章和第 4 章已经有详细地论述,此处不再赘述。

鉴于本章研究目标和研究对象的特殊性,样本农户的金融素质、财富水平与所承受的信贷约束状态以及不同信贷配给类型之间的对应关系是需要重点关注的问题。因此,本章首先运用描述性统计分析方法阐释了处于不同金融素质和收入水平的样本农户所面临的信贷约束及背后信贷配给机制的现状,初步说明金融素质和收入水平与信贷约束及对应的信贷配给机制之间可能存在的联系。表 5.1 和表 5.2 分别报告了承受不同类型信贷配给的样本农户在金融素质和收入水平两个不同参照体系中的分布情况。

表 5.1 显示:在面临信贷约束的样本农户中,承受完全数量配给的农户全部集中在中等偏下收入组(1 万~2 万元)和中等收入组(2 万~5 万元),分别有 15 户和 37 户。正如本书第 3 章所述,近几年,为了解决农户贷款难问题,国家以及地方政府针对部分地区(包括本书所选择的样本农户所在地区)相继推出了一系列政府贴息贷款项目。这些项目的服务对象被严格限定在农村贫困家庭(年人均纯收入 3 500 元以下的家庭)、种养殖大户以及致富带头人等“乡村能人”,也就是俗称的“盯住两头(最贫困和最有潜质)”,由于推进有力、落实到位,对缓解特定群体信贷约束起到了积极的作用,上述受到完全数量配给的农户在不同收入组的分布数据也证实了这一点。与此相对应的是,受到部分数量配给的样本农户在不同收入组都有一定数量的分布,但是中等收入组(2 万~5 万元)和中等偏上收入组(5 万~10 万元)样本农户居多,且随着收入的增加承受完全数量配给的样本农户数量呈现钟型分布。可见,收入仍然是影响农村正规信贷市场供给方信贷决策的重要因素(政策性贷款项目除外),中高收

入样本农户获取信贷服务的概率依然高于中等收入以下样本农户。值得注意的是，由于现有政策性贷款项目服务半径的限制以及信贷市场供给方的惯性思维，中等收入样本农户事实上已经成为正规信贷服务的盲点，是受供给信贷约束程度最深的群体。

尽管承受风险或交易成本配给的样本农户在不同收入组别均有分布，但是，80%以上均集中在中等收入组（2 万~5 万元）和中等偏下收入组（1 万~2 万元），分别为 37 户和 31 户。同时，表 5.1 第 3 列展示的统计结果未发现风险或交易成本配给具有明显的收入效应，说明对于不同收入水平的样本农户而言，对失去抵押物的担心、对支付额外礼金、耗费过多时间和精力等交易成本的抵制仍然是其主动放弃借贷申请而承受信贷约束的重要原因。进而从另一个层面证明，在我国农村信贷市场，要求借款人提供足额抵押、必须履行复杂的手续以及必须支付礼金等现象依然存在或者依然在农户的想象中存在，由此而引发的负向影响依然严重。

在面临信贷约束的样本农户中，承受自我配给的农户最多，达到 90 户，从表 5.1 第 7 列展示的统计结果来看，自我配给发生的概率随着样本农户收入的增加而降低，低收入组（1 万元以下）样本农户受到自我配给的概率最大，达到 62.5%。可见，对信贷产品以及信贷流程等方面的认知偏差所引发的自我抑制已经成为诱发样本地区农户信贷约束的重要原因，然而这种认知偏差往往出现在收入水平较低的样本农户中。

表 5.1　不同收入水平样本农户所面临信贷约束及其背后信贷配给机制概况

Table 5.1　Credit Rationing Mechanism of Sample Farmers with Different Income Levels

单位:户;%

按收入分组	借贷型价格配给		未借贷型价格配给		风险或交易成本配给		部分数量配给		完全数量配给		自我配给		合计	
	农户	占比(%)	农户	占比(%)	农户	占比(%)	农户	占比(%)	农户	占比(%)	农户	占比(%)	农户	占比(%)
1 万元以下	3	6.25	7	14.59	4	8.33	4	8.33	0	0	30	62.5	48	100.00
1 万~2 万元	32	16.93	65	34.40	37	19.57	5	2.64	15	7.94	35	18.52	189	100.00
2 万~5 万元	5	1.83	162	59.34	31	11.36	18	6.59	37	13.55	20	7.33	273	100.00
5 万~10 万元	17	17.17	56	56.57	9	9.09	12	12.12	0	0	5	5.05	99	100.00
10 万元以上	3	42.86	2	28.56	1	14.29	1	14.29	0	0	0	0	7	100.00
合计	60	9.74	292	47.4	82	13.31	40	6.49	52	8.45	90	14.61	616	100.00

(四舍五入保留两位小数)

表 5.2 显示:受到完全数量配给的样本农户大多集中在金融素质中等得分组(10~12 分)和金融素质中等偏上得分组(12~14 分),分别有 26 户和 11 户,样本农户的金融素质水平与是否承受完全数量配给之间没有明显的正向关系。承受部分数量配给样本农户的金融素质水平也有类似的分布特征,金融素质中等得分组(10~12 分)和金融素质中等偏上得分组(12~14 分)样本农户在其中占有较大比重,分别有 12 户和 15 户。可见,样本农户金融素质水平的提高并不一定降低样本农户承受供给信贷约束的可能性,不会直接对金融机构的供给决策产生重大影响。

承受风险或交易成本配给以及自我配给样本农户的金融素质分布特征则恰恰相反。其中金融素质中等偏下得分组(8~10 分)和金融素质低分组(8 分以下)的样本农户承受风险或交易成本配给的可能性最大,分别是 24.08%和 9.32%;不同金融素质水平样本农户受到自我配给的分布情况则比较极端,从表 5.2 第 7 列展示的统计结果来看,受到自我本配给的样本农户全部集中于金融素质中等得分及以下组别,其中低分组(8 分以下)最多,达到74户。可见,金融素质低下也是诱发样本农户信贷约束的重要原因,对需求信贷约束存在负向影响。

表5.2 不同金融素质水平样本农户所面临信贷约束及背后信贷配给机制概况

Table 5.2 Credit Rationing Mechanism of Sample Farmers with Different Financial Literacy Levels

单位:户;%

按金融素质得分分组	借贷型价格配给		未借贷型价格配给		风险或交易成本配给		部分数量配给		完全数量配给		自我配给		合计	
	农户	占比(%)	农户	占比(%)	农户	占比(%)	农户	占比(%)	农户	占比(%)	农户	占比(%)	农户	占比(%)
8分以下	12	10.17	13	11.02	11	9.32	5	4.24	3	2.54	74	62.71	118	100.00
8~10分	20	10.47	106	55.50	46	24.08	3	1.57	10	5.24	6	3.14	191	100.00
10~12分	6	3.55	100	59.17	15	8.88	12	7.10	26	15.38	10	5.92	169	100.00
12~14分	14	12.61	62	55.86	9	8.11	15	13.51	11	9.91	0	0	111	100.00
14分以上	8	29.63	11	40.74	1	3.70	5	18.52	2	7.41	0	0	27	100.00
合计	60	9.74	292	47.40	82	13.31	40	6.49	52	8.45	90	14.61	616	100.00

(四舍五入保留两位小数)

5.2 金融素质对西部脱贫地区农户信贷约束影响的计量分析

5.2.1 模型设定

根据本书理论框架与数据来源部分有关金融素质影响信贷约束及背后信贷配给机制计量模型设定的论述,本章参照以往研究的作法,采用简约多元Logit模型实证检验样本农户金融素质对承受特定类型信贷配给的可能性所带来的影响[50]。

假定样本农户所面临的信贷配给类型共有$(J+1)$种,并用U_{ij}表示第i户样本农户受到第j种类型信贷配给时的效用,效用函数为$U_{ij}=x_i\beta_j+\varepsilon_{ij}$,其中,$x_i$表示对样本农户信贷供给和需求存在影响的一系列变量,ε_{ij}表示随机误差项。

如果此时效用最大化，则说明当 $U_{ij}>U_{is}(s\neq j)$，样本农户 i 将会被观察到受到第 j 种类型信贷配给。那么，该样本农户受到第 j 种类型信贷配给的概率可以表示为：$\Pr(Y_i=j)=\Pr(U_{ij}>U_{is})$。

如果随机误差项 ε_{ij} 相互独立且服从 Weibull 模型，则有 $F(\varepsilon_{ij})=\exp(e^{-\varepsilon_{ij}})$，那么，样本农户 i 受到第 j 种类型信贷配给的概率就可以表示为：

$$\Pr(Y_i=j)=\frac{e^{\beta_j' x_i}}{1+\sum_{s=0}^{j} e^{\beta_s' x_i}}, i=1,\cdots,N, j=0,1,2,\cdots,J \tag{5.1}$$

其中，j 代表第 j 种信贷配给类型，β_j' 代表第 j 个 Logit 方程的参数向量，N 代表样本容量。

由于在参数估计时，必须将该模型中承受某一类型信贷配给的样本农户设定为参照组。本章最终将承受借贷型价格配给的样本农户（即 $j=0$）设定为参照组，其系数也被设定为 0，即，$\beta_0=0$。最终上述表达式简化为：

$$\Pr(Y_i=j)=\frac{e^{\beta_j' x_i}}{1+\sum_{s=0}^{3} e^{\beta_s' x_i}}, j=1,2,3 \tag{5.2}$$

5.2.2 变量设置

1）被解释变量

为了研究西部脱贫地区农户金融素质对信贷约束的影响，根据本书理论框架与数据来源部分所确定的信贷约束及背后的信贷配给机制的界定与测量方法，本章首先将被解释变量限定为上述七种信贷配给类型。鉴于可用于本书计量分析的样本总量有限，为了确保多元 Logit 模型的估计质量，参照以往研究的做法[50]，本章将承受不同类型信贷配给的样本农户进行了归并处理，最终调整后的解释变量被限定为四种信贷配给类型：借贷型价格配给、未借贷型价格配给、风险或交易成本配给或自我配给以及数量配给。具体归并方法如下：将部分数量配给和完全数量配给归并为数量配给（供给型信贷配给）；将自我配给、风险配给和交易成本配给三种需求型信贷配给归并为自我、风险、交易成本配给（需求型信贷配给）；其余类型信贷配给的范围不再做调整。调整后被解释变量的基本情况见表5.3。

表5.3　调整后被解释变量的基本情况

Table 5.3　The Overview of the Adjusted Explanatory Variables

调整后的信贷配给类型	j	定义	样本分布	
			农户（户）	占比（%）
借贷型价格配给	0	已获得贷款且额度与申请额度相符	60	9.74
未借贷型价格配给	1	因利率高或不需要贷款而未申请	292	47.40
风险或交易成本或自我配给	2	担心失去抵押或因交易成本太高而或因主观认为贷款申请可能被拒绝而未申请	172	27.92
数量配给	3	申请被拒绝或已获得贷款但额度低于申请额度	92	14.94
合计			616	100

（四舍五入保留两位小数）

2）其他控制变量

考虑到信贷约束及背后的信贷配给方式是借款人（样本农户）和贷款人（农信社等金融机构）两方面因素共同作用的结果，因此，要精准地估计金融素质对信贷约束及背后的信贷配给方式的影响，所选择的控制变量必须尽可能地涵盖信贷市场供求双方的影响因素。

参照已往的研究，并考虑计量分析过程中的实际需要，本书选取了以下控制变量，根据取值的不同大致分为两类，表5.4展示了这两类控制变量的基本情况。

①连续型变量:本书最终选取了户主金融素质(金融知识、金融行为、金融态度)、人均家庭年收入、家庭固定资产、户主受教育程度、家庭教育和赡养负担、家庭规模、户主年龄七个变量。

②虚拟变量:本书最终选取了健康水平、是否有家庭成员担任公职、是否掌握特定技能、是否有投资性房产、到县城的距离五个变量。

需要强调的一点是,如前文所述,信贷约束是信贷市场供求双方多因素共同作用的结果,而相关因素作用于信贷需求或信贷供给的机理均存在很大差异,因此,肯定存在供给和需求两方面因素对信贷约束同时产生反向作用的情况,由于简约 Logit 模型并不具备分辨、计量上述反向作用的能力,可能导致相关估计结果无法全面准确地反映特定因素与信贷约束间的关系。因此,对于本章而言,必须预先有所准备,在控制变量的筛选及估计结果的认定解说环节尽量消除或减轻上述影响。

表 5.4　控制变量的基本情况

Table 5.4　The Overview of the Controlled Variables

	变量名称	单位	变量解释	均值	标准差
连续性变量	家庭固定资产	万元	截至 2016 年 8 月拥有的固定资产值	19.17	11.57
	人均家庭年收入	万元	近 3 年人均家庭年收入的均值	3.40	2.32
	户主年龄	岁	户主年龄	46.36	10.00
	户主受教育程度	年	户主受教育年限	7.60	3.71
	家庭规模	人	家庭总人口数	4.19	1.19
	教育和赡养负担	人	正在接受教育的子女人数和需赡养的老人人数之和	1.54	1.05
	金融素质		户主金融素质	10.27	2.24
虚拟变量	健康水平		是否有因患病或残疾等失去劳动能力的家庭成员	—	—
	是否担任公职		是否有家庭成员在政府部门、事业单位及国有企业任职	—	—
	家庭技能		是否有成员具备驾驶、缝纫、烹饪、木工等技能	—	—
	投资性房产		在城镇是否有投资性房产	—	—
	到县城的距离		样本农户到县城的距离	—	—

(四舍五入保留两位小数)

5.2.3 IIA 检验

作为最基本的假设之一，IIA（Independence from irrelevant alternative）假设是否能得到满足，是多元 Logit 模型作为基本工具能否适用于特定计量分析过程的前提。因此，采用特定的方法开展 IIA 检验是决定采用多元 Logit 模型进行计量分析之前必不可少的环节[50]。参照已往研究，本章也选取了 Hausman 检验作为检验方法[158]。表 5.5 报告了最终的检验结果（检验过程中去掉了借贷型价格配给）。检验结果显示未出现拒绝原假设的情况，即选择对象之间是相互独立的，说明原假设成立，IIA 假设通过了检验，本章使用多元 Logit 模型估计金融素质对信贷约束及背后信贷配给机制的影响是合理的。

表 5.5 IIA 假设的 Hausman 检验结果

Table 5.5 The Hausman Test Results of IIA

去掉信贷配给类型	χ^2	*df*	$p>\chi^2$	结论
未借贷型价格配给	0.000	1	1.000	不能拒绝原假设
风险或交易成本或自我配给	0.000	1	1.000	不能拒绝原假设
数量配给	9.513	26	0.999	不能拒绝原假设

5.2.4 回归结果

本章首先给出了多元 Logit 模型的参数估计结果（详见表 5.6）。如第 3 章所述，由于无法清晰准确地说明多元 Logit 模型的参数估计结果在现实中的具体内涵，因此，要揭示金融素质与信贷约束及背后信贷配给机制之间的关系，必须进一步估计金融素质等变量的边际影响。

表 5.6　多元 Logit 模型参数估计结果

Table 5.6　The Result of Parameter Estimation of Multivariate Logit Model

变量名称	未借贷型价格配给		风险/交易成本/自我配给		数量配给	
	系数	标准差	系数	标准差	系数	标准差
家庭固定资产	-0.001 8	0.003	-0.009 5*	0.004	0.002 7*	0.005
人均家庭年收入	0.091 1	0.056	0.178 4**	0.064	-0.202 3*	0.086
户主年龄	0.627 7**	0.223	1.876 9***	0.368	-0.642 2.	0.366
户主受教育程度	0.525 5*	0.245	1.047 8**	0.339	0.779 5*	0.356
教育和赡养负担	-0.974 7***	0.209	0.585 7*	0.234	-1.317 0**	0.405
金融素质	0.391 6*	0.157	-0.593 8**	0.182	0.273 3	0.19
健康水平	-1.871 9	1.494	4.147 3***	1.114	3.914 0**	1.401
是否担任公职	-3.217 3***	0.811	-2.537 2.	1.305	-20.880 0	1 387
家庭技能	-2.169 9***	0.643	1.610 3*	0.736	2.999***	0.746
是否有投资性房产	-2.843 4***	0.788	-0.761 4	1.052	-1.031	1.001
距县城 5~20 km	1.256 2*	0.575	0.421 7	0.753	1.257	0.937
距县城 20 km 以上	0.905 9.	0.505	0.385 6	0.680	0.431 9	0.809

注：*** 表示 0.1%显著性水平，** 表示 1%显著性水平，* 表示 5%显著性水平，. 表示 10%显著性水平

此外，由于不同类型解释变量的数据分布特征存在较大差异，本章同样借鉴刘西川和程恩江的做法，在估计这些解释变量对样本农户受到某种信贷配给的概率的边际影响时，采用了两种完全不同的方法：一是以解释变量自身的样本均值为参照计算边际影响，该方法主要适用于连续型解释变量；二是以特定对照组为参照来实现上述目的，该方法主要适用于非连续型解释变量[50]。表 5.7 分别展示了金融素质等变量的边际影响。

表 5.7　相关解释变量对样本农户受到特定类型信贷配给概率的边际影响

Table 5.7 The Marginal Effect of the Relevant Explanatory Variables on the Probability Sample Farmers Being Subject to a Particular Type of Credit Rationing

变量名称	未借贷型价格配给		风险/交易成本/自我配给		数量配给	
	Dy_1/dx_k	标准差	Dy_2/dx_k	标准差	Dy_3/dx_k	标准差
家庭固定资产	−0.000 1	0.000 2	−0.000 9*	0.000 4	0.000 6	0.014 8
人均家庭年收入	0.006 8	0.004 1	0.016 3*	0.007 0	−0.048 7	1.118 4
户主年龄	0.047 1**	0.017 1	0.171 3***	0.050 4	−0.154 5	3.550 3
户主受教育程度	0.039 4*	0.018 9	0.095 6*	0.038 1	0.187 6	4.308 6
教育和赡养负担	−0.073 1***	0.017 0	0.053 5*	0.025 0	−0.317 0	7.281 2
金融素质	0.029 4**	0.011 1	−0.054 2**	0.019 9	0.065 8	1.511 0
健康水平	−0.283 0	0.342 5	0.284 2***	0.046 7	0.615 2	22.833 6
是否担任公职	−0.570 8***	0.166 8	−0.460 7	0.315 4	−0.801 1***	0.054 9
家庭技能	−0.334 9*	0.142 5	0.091 8*	0.036 5	0.623 4	7.799 0
是否有投资性房产	−0.442 4**	0.161 1	−0.087 4	0.150 2	−0.227 3	8.212 5
距县城 5~20 km	0.082 2*	0.033 7	0.035 4	0.059 0	0.303 2	2.091 6
距县城 20 km 以上	0.072 6	0.043 4	0.037 0	0.069 7	0.102 7	2.570 3

注：* * * 表示 0.1%显著性水平，* * 表示 1%显著性水平，* 表示 5%显著性水平，. 表示 10%显著性水平

表 5.7 首先展示了金融素质的边际影响。从本质上讲，需求型信贷配给是借款人对现实或想象中信贷合约条件的否定，现实中信贷市场不利的交易地位以及对信贷合约条件的认知偏差都可能诱发需求型信贷配给。根据本书理论框架与数据来源部分对金融素质概念的界定，金融素质是个体投资理财所需人力资本的集中体现，由金融知识、金融行为和金融态度三个维度组成。因此，可以推论，金融素质与信贷约束及背后的信贷配给方式之间可能存在密切联系，金融素质可能是需求型信贷配给的重要诱因。该推论最终得到了验证。表 5.7 显示：控制住其他变量的情况下，样本农户金融素质对承受三种需求型信贷配给的可能性存在显著

负向影响，边际效应为-0.054 2，对未借贷型价格配给的影响为正向，边际效应为 0.029 4。值得注意的是，样本农户金融素质对承受数量配给可能性的影响虽为正向但不显著，这充分说明信贷约束是供求双方共同作用的结果，需求信贷约束与供给信贷约束的成因及作用机理完全不同。具体来说，一则，如前文所述，数量配给根源于供给方基于信贷市场信息不对称的程度所做出的判断，需求方（样本农户）金融素质水平的变化以及所引发的连锁反应均无法直接作用于供给方信贷决策，从而引发数量配给的变化；二则，随着金融素质水平的提高，满足样本农户信贷需求的方式也将趋于多样化，是否一定参与正规信贷市场受到更多因素的影响，未必一定与承受需求型信贷配给的状态直接相关[1]。其实笔者在样本地区调查时也发现，随着国家对西部脱贫地区金融支持力度的不断加大以及市场化改革的不断推进，农村金融市场环境已经发生较大变化，需求方不利的交易地位也得到了一定程度的缓解，但是，样本农户大多对这种变化并不知晓甚至漠不关心，对自身可能获得的最佳信贷合约条件均存在较大的认知偏差，认知偏差已经成为样本农户受到需求型信贷配给最重要的诱因。

表 5.7 还展示了其他人力资本变量的影响。第一，是否有家庭成员担任公职以及是否有特殊的谋生技能两个变量的影响，充分暴露了目前农村正规信贷供给体系的缺陷。估计结果显示，与没有家庭成员担任公职的样本农户相比，有家庭成员担任公职的样本农户承受未借贷型价格配给的概率降低了 57.08%，承受数量配给的概率降低了 80.11%，然而，与没有驾驶等谋生技能的样本农户相比，有此类谋生技能的样本农户承受未借贷型价格配给的概率降低了 33.49%，受到需求型信贷配给的概率则提高了 9.18%。出现如此大的差异，原因有二：一是有家庭成员担任公职的样本农户可以跨越城乡二元经济结构的限制，获取相对多样化的金

融服务；二是有家庭成员担任公职说明农户收入较为稳定，便于金融机构风险评估和追溯。这充分说明，①由于城乡二元经济结构的限制，我国城乡金融市场之间依然存在巨大的差异和断层；②在农村金融市场，尤其是西部脱贫地区，信贷供给存在明显的身份差别化对待的倾向，除了特定身份和财产担保外，金融机构不认可也不关注农户的其他特质，有针对性的管理、产品创新以及的相应宣传教育还不多见，农户对可获取金融服务的认知偏差依然很大，自我配给现象普遍存在。第二，样本农户受教育程度变量的影响，充分说明该变量与金融素质变量是完全不同的两个概念，二者不能互相替代。估计结果显示，样本农户受教育程度的提升将显著提高承受未借贷型价格配给和三种需求型信贷配给的概率，边际效应分别为 0.039 4 和 0.095 6。

如前文所述，本章还分析了家庭年人均收入、是否有投资性房产以及固定资产三个变量对样本农户承受不同类型信贷配给方式的影响：

第一，家庭年人均收入的影响。估计结果显示，样本农户家庭年人均收入的增加将显著提高承受三种需求型信贷配给的可能性，边际效应为 0.016 3，对承受数量配给的概率的影响为负，但是不显著。三者间之所以呈现出上述关系，究其原因，主要是收入自身的特性以及政策性贷款项目的影响：①收入具有双重影响，一方面收入具有增加流动性的功能，将在一定程度上降低样本农户对信贷产品的有效需求，进而降低样本农户对信贷市场的关注度并引发需求型信贷配给；另一方面收入具有财产抵押功能，将在一定程度上提高样本农户的信贷可得性，进而降低样本农户承受数量配给的概率；②政策性贷款项目的运营模式大多是非市场化的，因此，收入的财产抵押功能不再是政策性贷款项目制订实施过程中必须考虑的因素，市场化条件下，收入对数量配给的影响也就不复存在[1]。

第二，是否有投资性房产的影响。估计结果显示，是否有投资性房产对样本农户承受未借贷型价格配给的概率有负向影响，边际效应为-0.442 4，在1%水平上显著，对于其他类型信贷配给方式的影响同样为负，但是，边际效应均不显著，这与经验观察是一致的。在我国西部脱贫地区，拥有投资性房产的农户通常只有两类，即高收入的富裕农户和有家庭成员担任公职的农户，与其他农户相比，一方面由于较高的收入或者家庭成员的特殊身份，有投资性房产的样本农户在现有市场利率水平下获取信贷服务的能力更强；另一方面由于投资性房产的价值较高，有投资性房产的样本农户获取信贷服务的意愿也更强烈[1]。

第三，家庭固定资产的影响。估计结果显示，固定资产对三种需求型信贷配给（风险、交易成本、自我配给）的边际影响为-0.000 9，在5%水平上显著，对其他类型信贷配给的影响则均不显著。这与已有研究结论以及经验性证据不符。之所以出现这种情况，主要有以下两个原因：一则，对于由政府主导的政策性贷款项目而言，如前文所述，由于其独特的价值诉求以及运行模式，固定资产同样不再是政策性贷款项目授信的依据和担保方式，市场化条件下固定资产与不同配给方式之间的关系因此出现异化；二则，在西部脱贫地区，由于农户持有的固定资产的价值普遍较低且难以变现，同时，对于大多数农户来说，也不愿意接受固定资产抵押可能带来的风险，因此，农户持有的固定资产根本不具备成为有效抵押品的条件，因此固定资产与不同配给方式之间呈现出某些独有的特征[1]。

第四，本章分析了样本农户部分家庭人口学特征变量的影响。估计结果显示，控制住其他变量情况下，户主年龄对样本农户承受三种需求型信贷配给和未借贷型价格配给的可能性的影响均为正向，边际效应分别为0.171 3、0.047 1，均在0.1%水平上显著。家庭教育和赡养负担变量的影响也比较突出，控制住其他变量情况下，对未借贷型价格配给呈现负向影响，边际效应为-0.073 1，在0.1%水平上显著，对三种需求型信贷配给则呈现显著正向影响，边际效应为 0.053 5，说明教育和赡养负担较重的样本农户获取信贷服务的需求比较强烈，与此同时，对自身可能获得的最佳信贷合约条件又普遍存在较大的认知偏差，类似情况在健康状况不佳的样本农户中也有集中表现[1]。

5.3　小结

本章参照刘西川和程恩江提出的农户信贷约束及背后信贷配给机制的统一分析框架，从配给机制视角揭示了农户信贷约束问题的成因及作用机理[50]。

实证检验结果显示，样本地区农户不仅受到供给信贷约束，还受到需求信贷约束，二者背后的信贷配给方式及形成机制各不相同，具体表现在：

对于需求信贷约束而言，实证检验结果显示，在本章考察的所有样本农户（信贷需求方）的特征变量中，仅有金融素质和固定资产两个变量对承受需求信贷约束（风险配给、交易成本配给、自我配给）的可能性存在显著影响，且方向为负。鉴于固定资产变量的边际效应十分微弱，还不到 0.1%，因此，可以得出如下结论：金融素质低下是目前我国西部脱贫地区农户承受需求信贷约束最重要的原因[1]，提升农户金融素质水平可以有效纠正其对信贷市场、信贷政策、信贷产品以及自身权利义务的认知偏差，显著降低承受需求信贷约束背后三种信贷配给方式——风险配给、交易成本配给、自我配给的概率。

对于供给信贷约束（完全数量配给和部分数量配给）而言，在本章考察的所有样本农户（信贷需求方）的特征变量中，仅有是否有家庭成员担任公职变量对承受数量配给（完全数量配给和部分数量配给）的可能性存在显著影响，且方向为负，说明在西部脱贫地区，农村信用社、银行等金融机构（信贷供给方）在信贷产品投放过程中有明显的身份差别化对待倾向。同时，是否有投资性房产和年人均收入等样本农户（信贷需求方）财富水平特征变量对承受数量配给的可能性均存在负向影响，尽管二者的边际效应都不显著，但是，依然从另一个侧面说明在西部脱贫地区，农村信用社、银行等金融机构（信贷供给方）在信贷产品投放过程中还存在财产差别化对待的倾向，鉴于上述情况，再加之政策性贷款项目辐射半径的严格限制，中等收入水平农户，事实上已经成为目前我国西部脱贫地区承受供给信贷约束程度最深的群体[1]。

金融素质、信贷约束对西部脱贫地区农户家庭资产选择的影响

本章旨在揭示金融素质与信贷约束对西部脱贫地区农户金融风险市场参与及参与深度的影响和作用机理。首先,实证检验金融素质对西部脱贫地区农户家庭资产选择的影响;其后,在上述分析的基础上,加入信贷约束变量,进一步检验金融素质、信贷约束对西部脱贫地区农户家庭资产选择的影响。本章结构如下:第一部分说明金融素质对西部脱贫地区农户家庭资产选择的影响,第二部分说明金融素质、信贷约束对西部脱贫地区农户家庭资产选择的影响,第三部分小结。

6.1 金融素质对西部脱贫地区农户家庭资产选择的影响

6.1.1 模型设定

遵循本书第3章理论框架与数据来源部分有关金融素质影响家庭资产选择的计量分析模型设定的相关论述,本章参照已往研究的作法,采用Probit模型分析金融素质对西部脱贫地区农户金融市场参与和正规金融市场参与产生的影响,采用Tobit模型分析金融素质对西部脱贫地区农户金融风险资产占比和正规金融风险资产占比产生的影响[21,144]。

Probit模型为:

$$Y=1(\alpha \text{Finacial\_literacy}+X\beta+u>0) \tag{6.1}$$

其中，$u \sim N(0,\sigma^2)$，Y 代表样本农户是否参与金融风险市场或者正规金融风险市场（取“1”表示参与，取“0”表示没有参与）；X 是控制变量，包括样本农户特征等控制变量；Finacial_literacy 代表样本农户的金融素质水平。

Tobit 模型为：

$$y^* = \alpha \text{Finacial\_literacy} + X\beta + u, Y = \max(0, y^*) \tag{6.2}$$

其中，Y 代表样本农户金融风险资产或者正规金融风险资产在家庭净资产中所占的比重，y^* 代表 Y 在$(0,1)$之间的观测值；Finacial_literacy 与 X 同前。

6.1.2 数据与变量

同样，如本书第 3 章所述，本书的数据来源是甘肃省辖集中连片特困区农户金融素质和家庭资产配置调查（兰州理工大学与兰州财经大学“金融素质视角下贫困地区农户家庭资产选择研究”项目组）。有关此次调查的基本情况、本章实证检验所涉及的解释变量（金融素质）和被解释变量（家庭资产选择）的界定与测量以及甘肃省辖集中连片特困区农户金融素质的现状和金融风险市场参与及资产配置现状，在本书第 3 章和第 4 章已经阐释，此处不再赘述。以下仅对本章涉及的控制变量作简要说明。

参照已往研究，并考虑计量分析过程中的实际需要，本章所选取的控制变量共有四类，表 6.1 详细展示了四类控制变量的基本情况。

表 6.1 相关控制变量的基本情况

Table 6.1 The Overview of the Controlled Variables Associated with the Study

变量名称	变量释义	观测值	平均值	标准差	最大值	最小值
户主年龄	18 岁以下组取 9,18~30 岁组取 24,30~40 岁组取 35,40~50 岁组取 45,50~60 岁组取 55,60 岁以上组取 65,单位:岁	616	45.82	10.07	65	24
健康水平	无因长期患病或残疾等而失去劳动能力的家庭成员取 1,有取 0	616	—	—	1	0
家庭规模	家庭成员总人数,单位:人	616	4.18	1.26	9	2
赡养负担	需要赡养的家庭成员人数,单位:人	616	0.38	0.66	2	0
教育负担	正在接受教育的家庭成员人数,单位:人	616	1.02	0.83	3	0
受教育程度	户主受教育程度所对应的年限,单位:年	616	7.48	3.78	0	15
家庭年收入	自然对数(近 3 年家庭年平均收入)	616	0.97	0.78	2.53	-1.39
家庭净资产	自然对数(家庭净资产)	616	2.61	0.80	4.46	-1.39
是否有投资性房产	现有房产除外,在城镇有房产取 1,没有取 0	616	—	—	1	0
财经训练经历	有家庭成员接受过财经类训练取 1,没有取 0	616	—	—	1	0
到县城的距离	距县城 20 km 以内取 1,20 km 以上取 2	616	—	—	2	1
是否有电商网点	有取 1,没有取 0	616	—	—	1	0
样本地区农村居民人均可支配收入	样本农户所在县(市、区)农村居民人均可支配收入,单位:元	616	5 946.36	798.26	7 634	4 830

(四舍五入保留一位小数)

①年龄、教育及赡养负担、健康水平等样本农户人口学特征控制变量。参照已往研究的作法,年龄变量由样本农户户主年龄来刻画[21,145,150]。教育负担变量用样本农户中正在接受教育的家庭成员人数来刻画。赡养负担变量用样本农户中需要赡养的家庭成员人数来刻画。同样,参照已往研究的做法,健康水平变量被设定为虚拟变量,若样本农户中没有因长期患病、患有残疾等失去工作能力的家庭成员,则取 1,有则取 0[144]。

②家庭净资产、家庭年收入、是否有投资性房产等样本农户财富水平

控制变量。参照已往研究的做法,本章求取样本农户家庭净资产和家庭年收入变量的自然对数,以此作为控制变量来消除极端值等特殊情况可能给分析结果带来的影响[21,38,150]。是否有投资性房产变量同样被设定为虚拟变量,除现有住房外,如果样本农户在城镇还有住房,则取 1,没有则取 0。

③是否有接受过财经训练的成员、受教育程度等样本农户人力资本控制变量。是否有接受过财经类训练的成员变量也被设定为虚拟变量,如果样本农户家中有此类成员,则取 1,没有则取 0。受教育程度变量的设定,则同样参考已往研究的做法,由样本农户户主受教育程度所对应的年限来刻画[21,38,150]。

④是否有电商网点、样本地区农村居民人均可支配收入等样本农户所在地特征控制变量。是否有电商网点也被设定为虚拟变量,有则取 1,没有则取 0。本章利用样本农户所在县(市、区)农村居民人均可支配收入变量来消除地区间经济发展水平的差异可能给分析结果带来的影响,具体数据为 2016 年甘肃省各县(市、区)农村居民人均可支配收入(数据来源《甘肃发展年鉴 2017》)。

6.1.3 估计结果

1)金融素质对西部脱贫地区农户金融风险市场参与的影响

遵循本书第 1 章所确定的研究思路与技术路线,按照上述模型设定及变量界定的具体要求,本章首先采用 Probit 模型实证分析了样本农户金融素质对金融市场参与和正规金融市场参与的影响,表 6.2 分别展示了相关分析结果,其中,第(1)和第(3)列为基准回归估计结果,第(2)和第(4)列为引入工具变量进行两阶段估计的结果。整个估计过程,均采用简单汇总赋值方法拟制的金融素质指标。

表6.2第(1)列展示了采用Probit模型分析金融素质(简单汇总赋值)对样本农户金融市场参与所产生的影响的基准回归估计结果。结果显示,在控制所有的样本农户特征变量以及样本地区特征变量后,金融素质对样本农户金融市场参与的影响均为正向,且在1%水平上显著,边际效应为0.486,即金融素质(简单汇总赋值)每增加1个单位,样本农户参与金融风险市场的概率增加0.486。这表明样本农户的金融素质越高,参与金融风险市场的概率就越大。

由于未考虑金融素质变量可能存在的内生性问题,在估计过程中也未做必要的纠偏处理,因此,表6.2第(1)列所报告的基准回归估计结果可能存在偏误。针对该问题,本章遵循本书第3章所设计的解决方案,采用工具变量法纠偏,并最终选取除自身外甘肃省辖集中连片特困区农户金融素质的平均水平作为工具变量,表6.2第(2)列报告了工具变量两阶段回归的相关分析结果。首先,从表6.2第(2)列底部展示的检验结果(如前文所述,检验方法采用Durbin-Wu-Hauseman检验,以下简称"DWH检验")可以看出:第一,金融素质存在内生性(在1%显著性水平上拒绝不存在内生性的假设,p值为0.006 23);第二,不存在弱工具变量问题,选择除自身外甘肃省辖集中连片特困区农户金融素质的平均水平作为工具变量是合适的(两阶段工具变量估计过程中,一阶段估计的F值为693.228,根据已有研究,F值大于10%偏误水平下的阀值为16.38[52]。因此,表6.2第(2)列所报告的工具变量两阶段估计结果是无偏的,其中,金融素质对样本农户金融市场参与的影响依然为正向,同样在1%水平上显著,但是,边际效应则调整为0.044 5,即金融素质(简单汇总赋值)每增加1个单位,样本农户参与金融风险市场的概率增加4.45个百分点,进一步证明,金融素质对样本农户参与金融风险市场具有显著的正向影响。

此外,还有部分估计结果值得关注。如前文所述,由于表 6.2 第(1)列所报告的基准回归估计结果可能存在偏误,因此,本章以表 6.2 第(2)列所报告的工具变量两阶段估计结果为主,说明其他因素对样本农户金融市场参与的影响。

第一,其他人力资本因素中,是否有家庭成员接受过财经训练的成员与样本农户参与金融风险市场的可能性呈正向关系,边际效应为0.148 7,在 1%水平上显著,说明与对照组没有家庭成员接受过财经训练的样本农户相比,有家庭成员接受过财经训练的样本农户参与金融风险市场的概率要高出 14.87%。控制变量户主受教育年限的影响是正向的但不显著。这进一步说明投资主体的受教育程度并不能代表自身金融素质的高低,金融素质的高低肯定取决于教育,但绝不是一般意义上程序化、教学化的教育。第二,关于家庭财富水平特征变量可能造成的影响,表 6.2 第(1)列和第(2)列的估计结果有较大偏离。根据第(2)列的估计结果,家庭收入和家庭净资产与样本农户金融市场参与之间均呈现显著的正向关系。是否持有投资性房产的影响也呈正向关系,但并不显著。这与已有研究[16,21,67]认为住房对于风险投资具有"挤出"效应的结论相悖。之所以出现此类情况,其中一个重要的原因可能是本书对金融市场参与(被解释变量)的界定较为宽泛,既包含正规金融风险市场的资产,也包括非正规金融风险市场的资产。但是,是否能确定本章得出了与已有研究相反的结论,还需要根据正规金融市场参与作为被解释变量时所对应的估计结果进行综合判断。第三,样本地区的经济和金融环境对样本农户金融市场参与也有一定程度的影响,是否有电商网点对样本农户金融市场参与有显著负向影响,在 5%显著水平下,与对照组居住地没有电商网点的样本农户相比,居住地有电商网点的样本农户参与金融风险市场的可能性降低 8.538 6%。可能的原因也留待下文对正规金融市场参与作为被解释变量时所对应的估计结果进行解说时一并做出解释。到县城的距离是否超过 20 km 变量的影响也为负向但不显著。第四,样本农户人口学特征变量中,样本农户教育和赡养负担、是否有家庭技能以及是否有家庭成员担任公职的变量对金融市场参与的影响都不显著。其中样本农户教育和赡养负担变量的影响为负向,是否有家庭技能以及是否有家庭成员担任公职的变量的影响则为正向。健康水平变量对样本农户金融市场参与有正向影响,且在 10%水平上显著,边际效应为 0.068 9。随着家庭规模的扩大,样本农户参与金融风险市场的概率将显著降低,在 1%显著性水平上,边际效应为-0.054 1。

表 6.2 第(3)列展示了采用 Probit 模型分析金融素质(简单汇总赋值)对样本农户参与正规金融风险市场所产生影响的基准回归估计结果。基准回归估计结果显示,在 1%显著性水平上,金融素质对样本农户正规金融风险市场参与的边际影响为 0.439。同样,考虑到金融素质可能存在的内生性问题,采用工具变量法纠偏,表 6.2 第(4)列同样报告了选取除自身外甘肃省辖集中连片特困区农户金融素质的平均水平作为工具变量进行两阶段回归的相关分析结果。两阶段回归分析结果显示:第一,表 6.2第(3)列展示的估计结果是有偏的;第二,金融素质的影响仍然为正向,但是,边际效应则被调整为 0.024,在 5%水平上显著。

表 6.2　金融素质对金融市场参与和正规金融市场参与的影响

Table 6.2 The Influence of Financial Literacy on Financial Market Participation and Formal Financial Market Participation

变量名称	(1) 金融市场参与	(2) 金融市场参与	(3) 正规金融市场参与	(4) 正规金融市场参与
	probit	ivprobit	probit	ivprobit
金融素质(简单汇总)	0.486***	0.044 5***	0.439***	0.024**
户主性别	0.402 2	−0.001 2	−0.586 3	−0.035 5
户主年龄	0.005 2	0.002 8*	−0.047 2***	−0.002 1*
健康水平	0.242 4	0.068 9*	4.850 6	0.048 6
家庭规模	−0.010 8	−0.054 1***	−0.008 8	−0.034 6***
教育和赡养负担	−0.141 5	−0.029 2	−0.245 0**	−0.000 1
受教育程度	0.072 4	0.003 4	0.255 9***	0.010 5**
家庭年收入	0.071 6	0.099***	0.032 9	0.033 5***
家庭净资产	1.396 1***	0.035 1***	1.862 8***	0.009 8***
是否有投资性房产	−0.892 5***	0.048 4	−0.410 8*	0.166***
是否接受过财经训练	0.668 6***	0.148 7***	1.401 5***	0.133 7***
到县城的距离是否超过 20 km	−0.639 4**	−0.002 8	−0.844 4***	−0.015 4
是否有电商网点	−0.412 9**	−0.085 4**	0.644 5***	0.002 3**
各县农民人均纯收入	0.035 8	0.019 8	0.012 9	0.030 9
是否有家庭成员担任公职	0.259 7	0.008 4	1.318***	0.101 8***
是否有家庭技能	0.343 2	0.012 7	0.363 3	0.018
N	616	616	616	616
peseudo R^2	0.547 1		0.579 5	
一阶段估计 F 值		693.228		693.228
DWH 检验 χ^2(p 值)		7.538 (0.006 2)		3.494 (0.062 1)

注:表中列出的估计结果为边际效应,10%、5%、1%显著性水平分别由 *、* *、* * * 表示。

综合表 6.2 第(2)列和第(4)列的估计结果,能够得出如下结论:随着样本农户金融素质(简单汇总赋值)水平的提高,参与正规和非正规金融风险市场的可能性也将随之提高。

同理,本章以表 6.2 第(4)列所报告的工具变量两阶段估计结果为准，说明其他因素对样本农户正规金融市场参与的影响。具体情况如下：

首先，依然来看其他人力资本因素。在1%显著水平上，与对照组没有家庭成员接受过财经训练的样本农户相比，有家庭成员接受过财经训练的样本农户参与正规金融风险市场的概率也要高出13.368%。户主受教育程度，边际效应为0.010 5，在5%水平上显著。鉴于更高的受教育程度是通过提高投资主体学习投资理财相关知识的能力，进而推动其积极参与股票市场[65]，因此，户主受教育程度对正规金融市场参与具有显著的正向影响，这恰恰说明正规金融风险市场投资需要投资者具备较高的金融素质，同时，也说明了户主受教育程度对样本农户金融市场参与（包括股票市场等正规金融风险市场和民间借贷等非正规金融风险市场）的影响并不显著的原因。

其次，在家庭财富水平特征变量中，是否有投资性房产变量的影响也呈现显著的正向关系，在1%水平下，与对照组没有投资性房产的样本农户相比，有投资性房产的样本农户参与正规金融风险市场的可能性将提高16.598 6%，同样，未能支持已有研究[16,21,67]有关房产对于风险投资具有“挤出”效应的结论。综合前文所展示的该变量对样本农户金融市场参与的影响，可以说，投资性房产对于我国西部脱贫地区农户风险投资没有明显的“挤出效应”。究其原因有四：一是已有研究大多以城镇家庭为研究对象，相关研究成果未必完全适用于农户，尤其是西部脱贫地区农户；二是在我国，农户住房的自有率极高，对住房的需求远不如城镇居民迫切，同时，农户更倾向于通过修缮、重建等方式来改善住房条件，另行购置住房仅仅是少数农户的选择；三是在我国西部脱贫地区，持有投资性房产的农户的家庭年收入和家庭净资产大多处于较高水平，且家中往往有家庭成员担任公职，特定身份带来的获取信贷支持便利以及较高的财富水平，很大程度上抵消了投资性房产对风险投资的“挤出”效应；四是相较于其他类型的正规金融风险资产,西部脱贫地区农户更倾向于程序简便、风险较低的银行理财产品,出于对银行等金融机构的信任、对风险的厌恶以及强烈的储蓄意识,部分银行理财产品事实上被西部脱贫地区农户误认为储蓄产品的替代物,而购买银行理财产品的投资行为则被误认为另一种形式的储蓄,鉴于西部脱贫地区农户强烈的储蓄意识,购置住房等大额支出后反而会激发其更为积极的储蓄行为,对银行理财产品的投资行为随之增加,从而进一步抵消投资性房产对风险投资的"挤出"效应。

表 6.2 第(4)列工具变量二阶段估计结果还展示了家庭收入和家庭净资产对样本农户正规金融市场参与的影响,进一步说明西部脱贫地区农户家庭资产选择同样具有明显的财富效应[23,26]。

再次,在样本地区的经济和金融环境因素中,是否有电商网点对样本农户参与正规金融风险市场的可能性的影响依然显著,只是方向转为正向。结合表 6.2 第 2 列估计结果发现,是否有电商网点对金融市场参与和正规金融风险市场参与的影响完全相反。然而,看似矛盾的估计结果恰恰展示了电商网点的存在对西部脱贫地区农户投资理财行为和习惯的巨大影响,说明电子商务经营模式在西部脱贫地区的推广,大大降低了农户对民间借贷等传统非正规金融风险市场的依赖程度,与此同时,提高了农户参与正规金融风险市场的可能性和意愿。到县城的距离是否超过 20 km 和各县农民人均可支配收入的影响则都不显著。

最后,在样本农户人口学特征变量中,是否有家庭成员担任公职的变量对样本农户正规金融市场参与表现出正向显著影响,边际效应为 0.101 8,在 1%水平上显著。也就是说,家中有家庭成员担任公职的样本农户参与正规金融风险市场的可能性比家中没有家庭成员担任公职的样本农户高出 10.18%。究其原因有四:一是有家庭成员担任公职的样本农户实际上已经跨越城乡二元经济结构的限制，可以相对便利地获取多样化的金融服务；二是有家庭成员担任公职的样本农户收入相对稳定，有更强的投资理财的意愿；三是调查显示有家庭成员担任公职的样本农户的金融素质得分均在 12 分以上，有更强的信息获取和处理能力；四是在本书界定的正规金融风险资产中，银行理财产品是参与度最高的资产，而持有银行理财产品的样本农户中有家庭成员担任公职的农户的占比最大。

此外，户主年龄变量的影响呈负向，在 10%水平上显著，边际效应为 -0.002 1，户主年龄对样本农户金融市场参与和正规金融市场参与有不同方向的影响，说明在西部脱贫地区，参与正规金融风险市场的农户与非正规金融风险市场的农户的年龄分布特征不同。家庭规模变量的影响依然为负向且在 1%置信水平上显著，边际效应-0.0346。其他样本农户人口学特征变量的影响都不显著或不再显著。

2）金融素质对西部脱贫地区农户金融风险资产配置的影响

如本书第 3 章所述，金融素质不仅对家庭金融风险市场参与存在影响，还可能影响到家庭在金融风险资产上的配置比例，进而影响其参与金融风险市场的深度。因此，本章需要进一步验证样本农户金融素质对金融风险资产配置比例所产生的影响，同样参照上述模型设定及变量界定的具体要求，最终选用的计量模型为 Tobit 模型。表 6.3 分别展示了相关分析结果。整个估计过程，同样采用简单汇总赋值法拟制的金融素质指标。

表 6.3 第（1）、（2）列展示了样本农户金融素质（简单汇总赋值）对金融风险资产在家庭净资产中所占比重的影响，第（1）列为基准回归估计结果，第（2）为引入工具变量进行两阶段估计的结果。根据第（2）列底部展示的 DWH 检验结果（p 值为 0.002 76），可以证明第（1）列展示的基准

回归估计结果因为金融素质存在内生性而可能存在偏误。因此，本章采信第(2)列所报告的工具变量两阶段估计结果。表6.3第(2)列显示，金融素质的边际效应为0.009 2，在1%水平上显著，即金融素质(简单汇总赋值)每提高1个单位，金融风险资产在家庭净资产中的占比将增加近1个百分点。可见，金融素质对样本农户参与金融风险市场的深度同样具有显著的促进作用。

表6.3第(2)列两阶段工具变量估计结果同时展示了其他控制变量对样本农户金融风险资产配置的影响。在其他人力资本因素中，是否有家庭成员接受过财经训练对样本农户金融风险资产配置也有显著正向影响。在其他条件不变的情况下，有家庭成员接受过财经训练的样本农户的家庭净资产中金融风险资产所占的比重，比对照组中没有家庭成员接受过财经训练的样本农户，高出3.8%。户主受教育程度变量的影响为正，但不显著。对于家庭财富水平特征变量而言，家庭年收入变量的影响为正向，在1%置信水平上显著，边际效应为0.025 2。家庭净资产与是否持有投资性房产变量的影响均不显著，房产的“挤出”效应并不明显。除户主年龄和家庭规模变量外，其他家庭人口学特征变量对样本农户金融风险资产配置的影响均不显著。至于户主年龄变量，工具变量两阶段估计结果显示，随着户主年龄的增加，样本农户会增加金融风险资产在家庭净资产中的配置比例。家庭规模变量的影响则恰好相反，家庭人口数量越多的样本农户，持有金融风险资产的比重越低。

表6.3第(3)、(4)列展示了样本农户金融素质(简单汇总赋值)对正规金融风险资产在家庭净资产中所占比重的影响。第(3)列为基准回归估计结果，第(4)为引入工具变量进行两阶段估计的结果。根据第(4)列底部展示的DWH检验结果判断(p值为0.044 5)，金融素质存在内生性，说明第(3)列展示的基准回归估计结果存在偏误。因此，本章同样采信

第(4)列所报告的工具变量两阶段估计结果。表6.3第(4)列显示,金融素质的边际效应为0.005 5,在5%水平上显著,说明金融素质同样对样本农户在正规金融风险资产上的配置比重有正向影响。

综合上述表6.3第(2)列和第(4)列估计结果,可以得出如下结论:随着金融素质(简单汇总赋值)的提升,样本农户在金融风险资产和正规金融风险资产上的配置比重也将随之增加。

表6.3　金融素质对金融风险资产配置的影响

Table 6.3　The Impact of Financial Literacy on Allocation of Risky Assets

变量名称	(1) 金融风险资产占比	(2) 金融风险资产占比	(3) 正规金融风险资产占比	(4) 正规金融风险资产占比
	Tobit	ivTobit	Tobit	ivTobit
金融素质(简单汇总)	0.075 4***	0.009 2***	0.093 9***	0.005 5**
户主性别	0.017 8	-0.002 5	-0.066 9	-0.014 8
户主年龄	-0.001 4	0.000 6*	-0.008 9***	-0.000 4
健康水平	-0.045 2	0.015 7*	-0.012 2	0.011 5
家庭规模	-0.026 3*	-0.012 3***	-0.017 8	-0.007 9***
教育负担	-0.034 8*	-0.006 5	-0.000 7	0.000 0
受教育程度	0.006 0	0.000 8	0.034 0***	0.002 1*
家庭年收入	0.023 4***	0.025 2***	0.021 8*	0.007 7*
家庭净资产	0.102 8**	0.000 9	0.072 4	-0.003 4
是否有投资房产	-0.124 5***	-0.000 1	0.056 3	0.024 2***
是否接受过财经训练	0.117 9***	0.038 0***	0.212 3***	0.030 1***
到县城的距离是否超过20 km	-0.006 4	-0.001 7	-0.032 8	-0.002 7
是否有电商网点	-0.074 7*	-0.012 2	0.044 7	0.003 8
地区控制变量	-0.048 6	0.006 3	-0.095 9	0.005 4
是否有家庭成员担任公职	-0.011 2	-0.000 9	0.063 8	0.003 2
是否有家庭技能	0.011 1	0.001 1	0.034 2	0.002 3
N	616	616	616	616
peseudo R^2	0.852 9		0.834 4	
一阶段估计 F 值		693.228		693.228
DWH检验 χ^2(p 值)		9.034 (0.002 8)		4.055 (0.044 5)

注:表中列出的估计结果为边际效应,10%、5%、1%显著性水平分别由*、**、***表示。

此外,第(4)列两阶段工具变量估计结果同时展示了其他控制变量对样本农户正规金融风险资产占比的影响。其中,是否有家庭成员接受过财经训练变量的边际影响为 0.030 1,家庭规模变量的边际影响为 -0.007 9,是否有投资性房产变量的边际影响为 0.024 2,三者均在 1%水平上显著;家庭年收入变量的边际影响为 0.007 7,户主受教育程度变量的边际影响为 0.002 1,二者则在 10%水平上显著。除此之外,其余变量的影响均不显著。

3)金融知识、行为、态度对西部脱贫地区农户家庭资产选择的影响

如本书研究设计部分所述,为了全面客观地反映与个体投资理财相关的各项人力资本的现状,增强相关研究成果对客观现实的解释力,本书采用经合组织(OECD)为第二次跨国金融素质调查(2015 年)构建的标准化金融素质测量评估体系,从金融知识(Financial knowledge)、金融态度(Financial attitude)、金融行为(Financial behaviour)三个维度界定测量金融素质。[125]。由于金融素质是高度情境化的概念,不同情境下投资主体金融素质的差异,事实上最终都换化为金融知识、金融态度和金融行为的不同样态。为了进一步理清西部脱贫地区农户金融素质与家庭资产选择之间的互动机理,本章进一步检验了金融知识、金融态度、金融行为对家庭资产选择的影响。

表 6.4 分别展示了相应的估计结果。其中,第(1)、(2)列采用 Probit 模型估计金融知识、金融态度、金融行为对样本农户金融市场参与以及正规金融市场参与的影响;第(3)、(4)列运用 Tobit 模型分析金融知识、金

融态度、金融行为对样本农户金融风险资产占比以及正规金融风险资产占比的影响。整个估计过程,均采用简单汇总赋值法拟制金融知识、金融态度、金融行为指标。

分析结果显示,在1%置信水平上,金融知识和金融行为对样本农户金融市场参与、正规金融市场参与、金融风险资产占比以及正规金融风险资产占比均有显著正向影响,其中,金融知识水平的变化所造成的边际影响最大。可见,在我国西部脱贫地区农户金融风险的市场参与以及参与深度,在很大程度上都取决于自身金融知识的全面程度和金融行为的合理审慎程度。因此,要改变西部脱贫地区农户金融风险市场参与以及参与深度的现状,有针对性的金融行为和金融知识的正向干预则是必须优先考虑的政策选项。

金融态度对金融市场参与、金融风险资产占比以及正规金融风险资产占比的影响均不显著,但是,对正规金融市场参与则呈现出显著负向影响。究其原因有三:一是调查显示,样本农户金融态度平均得分接近最高分值,说明样本农户金融态度非常保守,出于风险厌恶以及对未来财产安全的担忧,样本农户更热衷于储蓄,而非投资于金融风险资产,其相关影响自然为负;二是样本农户金融态度得分的离散程度很低,针对三个测试问题的回答在“3或3以上”样本农户的数量均超过九成,说明样本农户间金融态度的差异很小,加之样本总量的限制,其相关影响自然不显著;三是本书采用的金融态度概念模型仅涉及个体的未来观,财务观以及消费观三项内容,其相应的影响自然非常有限。

表 6.4 金融行为、金融知识、金融态度与家庭资产选择

Table 6.4 Financial Behavior, Financial Knowledge, Financial Attitude and Household Portfolio Choice

变量名称	(1) 金融市场参与	(2) 正规金融市场参与	(3) 金融风险资产占比	(4) 正规金融风险资产占比
	probit	probit	Tobit	Tobit
金融行为(简单汇总)	0.039 3***	0.036 5***	0.038 4**	0.081 8***
金融知识(简单汇总)	0.161***	0.08***	0.127 8***	0.124 7***
金融态度(简单汇总)	-0.028 2	-0.065 8***	0.009 6	-0.020 9
N	616	616	616	616
peseudo R^2	0.498 1	0.407 7	0.956	0.886 3

注:表中列出的估计结果为边际效应,10%、5%、1%显著性水平分别由*、**、***表示。

6.1.4 稳健性检验

本章采用因子分析赋值法拟制的金融素质指标,进一步检验金融素质对家庭资产选择所产生的影响及作用机理的稳健性。首先来看,金融素质对西部脱贫地区农户家庭资产选择的影响及作用机理的稳健性检验。

表 6.5 展示了样本农户金融素质(因子分析赋值)对金融风险市场参与以及参与深度的影响。考虑到金融素质可能存在内生性问题,本章同样采用工具变量法纠偏,最终选取的工具变量同样为除自身外甘肃省辖集中连片特困区农户金融素质(因子分析赋值)的平均水平。两阶段估计结果显示金融素质存在内生性且不存在弱工具变量问题,从而说明基准回归存在偏误,因此,本章对相关作用机理的描述同样以两阶段回归估计结果为准。为了节省篇幅,本章只展示了两阶段回归估计结果。

表 6.5 第(1)、(2)列分别为样本农户金融素质(因子分析赋值)与金融市场参与和正规金融市场参与之间互动关系的实证分析结果,计量分

析所采用的模型为 Probit 模型;第(3)、(4)列分别为样本农户金融素质与金融风险资产占比和正规金融风险资产占比之间互动关系的实证分析结果,计量分析所采用的模型为 Tobit 模型。可以看出,在 1%置信水平下,样本农户金融素质对金融市场参与、正规金融市场参与、金融风险资产占比和正规金融风险资产占比均有显著正向影响,与前文研究结论一致,证明本章有关西部脱贫地区农户金融素质与家庭资产选择之间互动机理的研究结果是稳健的。

表 6.5 金融素质对家庭资产选择的影响:稳健性检验

Table 6.5 The Impact of Financial Literacy on Household Portfolio Choice: Robustness Test

变量名称	(1) 金融市场参与	(2) 正规金融市场参与	(3) 金融风险资产占比	(4) 正规金融风险资产占比
	ivprobit	ivprobit	ivTobit	ivTobit
金融素质(因子分析)	0.150 9***	0.073 8***	0.032 7***	0.017 7***
户主性别	−0.030 7	−0.039 2	−0.017 6	−0.015 8
户主年龄	0.002 9*	−0.001 9	0.000 7**	−0.000 2
健康水平	0.087 4**	0.063 5*	0.020 2**	0.015 4**
家庭规模	−0.050 8***	−0.030 8**	−0.011 4***	−0.007 1**
教育负担	−0.034 8*	−0.001 8	−0.008 0*	−0.001 0
受教育程度	0.003 0	0.007 7*	0.000 5	0.001 5
家庭年收入	0.091 8***	0.033 7	0.024 2***	0.008 3
家庭净资产	−0.036 9	−0.002 9	−0.000 3	−0.003 7
是否有投资性房产	0.024 1	0.079 4*	−0.001 0	0.012 8
是否接受过财经训练	0.118 4***	0.114 2***	0.030 7***	0.025 1***
到县城的距离是否超过 20 km	−0.013 7	−0.019 5	−0.002 8	−0.003 4
是否有电商网点	−0.036 9	0.005 7	−0.007 3	0.001 1
地区控制变量	0.001 3	0.002 0	0.000 8	0.000 7
是否有家庭成员担任公职	0.177 9**	0.316 2***	0.025 6	0.048 2***
是否有家庭技能	0.093 7**	0.098 0***	0.031 5***	0.031 6***
N	616	616	616	616
一阶段估计 F 值	715.91	715.91	715.91	715.91
DWH 检验 χ^2(p 值)	45.01 (0.000 000 46)	14.61 (0.000 146)	43.21 (0.000 000 107)	15.19 (0.000 108)

注:表中列出的估计结果为边际效应,10%、5%、1%显著性水平分别由 *、**、*** 表示。

为了进一步理清西部脱贫地区农户金融素质与家庭资产选择之间的互动机理,检验前文有关金融知识、金融态度、金融行为可能对家庭资产选择造成的影响,本章进一步采用因子分析赋值法拟制的金融知识、金融态度、金融行为指标实证分析了三者对样本农户金融风险市场参与以及参与深度的影响,表 6.6 展示了相关估计结果。其中,样本农户金融知识(因子分析赋值)对金融市场参与、正规金融市场参与、金融风险资产占比和正规金融风险资产占比的影响依然为正向,且在 1%水平上显著,说明金融知识水平的提高对西部脱贫地区农户金融风险市场参与以及参与深度均有显著的正向影响,这与前文的估计结果一致。

同时,与前文的分析结果类似,样本农户金融态度(因子分析赋值)对金融市场参与、金融风险资产占比以及正规金融风险资产占比的影响同样并不显著,但是,对正规金融市场参与则呈现出显著负向影响。样本农户金融行为(因子分析赋值)对正规金融市场参与以及正规金融风险资产占比的影响依然在 1%水平下显著,且方向为正,说明金融行为对西部脱贫地区农户正规金融风险市场参与以及参与深度有显著的正向推动作用,这与上述研究结果基本一致。由此可见,本节的估计结果是稳健的。

表 6.6　金融行为、金融知识和金融态度对家庭资产选择的影响:稳健性检验

Table 6.6　The Impact of Financial Behaviour, Financial Knowledge and Financial Attitudes on Household Portfolio Choice: Robustness Test

变量名称	(1) 金融市场参与	(2) 正规金融市场参与	(3) 金融风险资产占比	(4) 正规金融风险资产占比
	probit	probit	Tobit	Tobit
金融行为(因子分析)	0.085 8**	0.187 5***	0.053 5	0.249 8***
金融知识(因子分析)	0.379 7***	0.175 4***	0.295 6***	0.233 7***
金融态度(因子分析)	−0.027 3	−0.057 5***	0.017 7	0.020 7
N	616	616	616	616
peseudo R^2	0.483 7	0.431 3	0.908 5	0.879 8

注:表中列出的估计结果为边际效应,10%、5%、1%显著性水平分别由*、**、***表示。

6.2　金融素质、信贷约束对西部脱贫地区农户家庭资产选择的影响

6.2.1　模型设定

遵循本书理论框架与数据来源部分有关如何设定计量分析模型的论述,同时参照已往研究的作法,在分析金融素质、信贷约束对家庭金融风险市场参与和正规金融风险市场参与的影响以及金融素质、信贷约束对家庭金融风险资产占比和正规金融风险资产占比的影响的过程中,本章采用的计量分析模型同样是 Probit 模型和 Tobit 模型[21,144]。鉴于信贷约束分为需求型和供给型两类,因此,在分析中应当区别对待。

Probit 模型为:

$$Y=1(\alpha \text{Finacial\_literacy}+\rho \text{Credit\_constraints1}+\kappa \text{Credit\_constraints2}+X\beta+u>0) \tag{6.3}$$

其中，$u\sim N(0,\sigma^2)$，Y 代表样本农户是否参与金融风险市场或者正规金融风险市场(取“1”表示参与，取“0”表示没有参与)；X 是控制变量，包括样本农户家庭特征变量和样本地区控制变量；Finacial_literacy 代表样本农户的金融素质水平；Credit_constraints1 代表需求信贷约束；Credit_constraints2 代表供给信贷约束。

Tobit 模型为：

$$y^*=\alpha \text{Finacial\_literacy}+\rho \text{Credit\_constraints1}+\kappa \text{Credit\_constraints2}+X\beta+u,$$
$$Y=\max(0,y^*) \tag{6.4}$$

其中，Y 表示样本农户金融风险资产或者正规金融风险资产在家庭净资产中所占的比重，y^* 表示 Y 在(0,1)之间的观测值；X 与 Finacial_literacy、Credit_constraints1、Credit_constraints2 同前。

6.2.2 数据与变量

如前文所述，有关兰州理工大学与兰州财经大学“金融素质视角下贫困地区农户家庭资产选择研究”项目组在甘肃省辖集中连片特困区开展的农户金融素质和家庭资产配置调查的基本情况以及本节实证检验所涉及的解释变量(金融素质和信贷约束)、被解释变量(家庭资产选择)的界定与测量，以及甘肃省辖集中连片特困区农户金融素质、信贷约束的现状和金融风险市场参与及资产配置现状，已经在本书第 4 章做了详细的解释，此处不再赘述。此外，本节实证检验所涉及的控制变量与第 6.1 节相同，基本情况在第 6.1 节也已经做了详细说明，此处不再赘述。

6.2.3 估计结果

如本书文献综述部分所述，金融素质决定着家庭资产选择的合理审慎程度[5-7]，不仅直接影响到家庭参与金融风险市场的概率及金融风险资产的配置比重，还可能通过缓解信贷约束，进一步影响家庭参与金融风险市场的概率及金融风险资产的配置比重。对于西部脱贫地区农户而言，不仅普遍受到信贷约束[8]，而且更容易受到信贷约束[9]，要厘清西部脱贫地区农户家庭资产选择的异质性特征的成因及作用机理，信贷约束是无法回避的影响因素，因此，本章将信贷约束纳入家庭资产选择影响因素及作用机理分析框架，实证检验金融素质、信贷约束对家庭资产选择的影响机理。需要注意的是，整个分析过程，仅采用简单汇总赋值法拟制的金融素质指标，而信贷约束则分为需求信贷约束和供给信贷约束两类。

1）金融素质、信贷约束对西部脱贫地区农户金融风险市场参与的影响

如前文所述，本章采用 Probit 模型分析金融素质、信贷约束对样本农户金融风险市场参与和正规金融市场参与所产生的影响，表 6.7 展示了相关的分析结果。

其中，表 6.7 第(1)、(2)列给出了金融素质、信贷约束对样本农户金融市场参与所产生的影响的边际效应。第(1)列展示的基准回归估计结果显示，金融素质的边际影响为 0.537 3，在 1%置信水平下显著，与前文结论基本一致；需求信贷约束和供给信贷约束的影响为负，但均不显著。考虑到金融素质可能存在内生性，同样选取除自身外甘肃省辖集中连片特困区农户金融素质的平均水平作为工具变量，利用工具变量法纠偏。第(2)列展示的工具变量两阶段估计结果显示，金融素质存在内生性，第

(1)列展示的基准回归结果存在偏误,因此,本章采信第(2)列所报告的工具变量两阶段估计结果。表6.7第(2)列显示,金融素质的边际效应为0.050 2,依然在1%水平上显著;需求信贷约束的影响在5%水平上显著,边际效应为-0.084 6,说明在控制金融素质和其他变量情况下,与没有受到需求信贷约束的样本农户相比,受到需求信贷约束的样本农户参与金融风险市场的概率降低了近8.5个百分点;供给信贷约束的影响仍不显著,但是,方向转为正向。

表6.7第(3)、(4)列反映了金融素质、信贷约束对样本农户正规金融市场参与的影响。同理,由于金融素质存在内生性,第(3)列基准回归结果存在偏误,因此,本章最终采信第(4)列工具变量两阶段估计结果。表6.7第(4)列显示,金融素质的边际效应为0.029 2,在1%水平上显著;需求信贷约束和供给信贷约束的影响均在5%水平上显著,边际效应为-0.067和0.072 2,说明与对照组没有受到需求信贷约束的样本农户相比,在控制金融素质和其他变量情况下,受到需求信贷约束的样本农户参与正规金融风险市场的概率降低了近7个百分点;供给信贷约束的影响恰恰相反,与对照组没有受到供给信贷约束的农户相比,在控制了金融素质和其他变量后,受到供给信贷约束的农户参与正规风险金融市场的可能性则提高了7个百分点。实际上,在我国西部脱贫地区,中等及以上收入农户构成了农村经济社会发展中最具活力的群体,相比而言,该群体具有更为强烈的参与意识和更高的认知水平。结合第5章的研究结论——在我国西部脱贫地区,中等收入农户已成为受供给信贷约束程度最深的群体,上述发现便有了合理的解释。

表 6.7 金融素质、信贷约束对金融市场参与和正规金融市场参与的影响

Table 6.7 The Impact of Financial Literacy, Credit Constraints on Financial Market Participation and Formal Financial Market Participation

变量名称	(1) 金融市场参与	(2) 金融市场参与	(3) 正规金融市场参与	(4) 正规金融市场参与
	probit	ivprobit	probit	ivprobit
金融素质(简单汇总)	0.537 3***	0.050 2***	0.615 7***	0.029 2***
户主性别	0.126 3	−0.013	−0.433 5	−0.040 8
户主年龄	−0.006	0.002 7*	−0.049 2***	−0.001 5
健康水平	−0.207 8	0.033 7	−0.328 2	0.019 2
家庭规模	−0.182 6**	−0.059 8***	−0.269 4***	−0.039 1***
教育负担	−0.279 9***	−0.032 1*	0.096 8	−0.001 8
受教育程度	0.068**	0.002 8	0.312 8***	0.009*
家庭年收入	0.162 2***	0.108 8***	0.138 8***	0.045 4*
家庭净资产	1.104 9***	0.033 8	0.658 9***	−0.011 8
是否有投资性房产	−1.002***	0.036 4	−0.205 7	0.153 3***
是否接受过财经训练	0.803***	0.140 9***	1.363 7***	0.124 2***
到县城的距离是否超过 20 km	−0.162 6	−0.014 6	−0.429 0***	−0.021 9
是否有电商网点	−0.382 6**	−0.048 2*	0.404 4	−0.004 8
地区控制变量	−0.020 6	−0.000 6	0.003 1	0.000 3
需求信贷约束	−0.373 9	−0.084 6**	−0.535 2	−0.069 9**
供给信贷约束	−0.149 5	0.022 1	0.206 1	0.072 2**
N	616	616	616	616
peseudo R^2	0.551 6		0.578 5	
一阶段估计 F 值		680.935		680.935
DWH 检验χ^2(p 值)		6.313 (0.012 2)		1.468 (0.052 6)

注:表中列出的估计结果为边际效应,10%、5%、1%显著性水平分别由*、**、***表示。

2)金融素质、信贷约束对西部脱贫地区农户金融风险资产配置的影响

同样,如上所述,本章采用 Tobit 模型分析金融素质、信贷约束对样本

农户金融风险资产配置的影响,表6.8报告了相关实证分析结果。

第(1)、(3)列分别为金融素质、信贷约束对样本农户金融风险资产占比和正规金融风险资产占比的基准回归结果,第(2)、(4)列为相应的工具变量两阶段估计结果。同理,本章仍然采信工具变量两阶段估计结果。可见,对于样本农户金融风险资产占比和正规金融风险资产占比而言,在1%置信水平,金融素质的影响是显著的且方向为正向,边际效应则分别为0.010 7和0.007;需求信贷约束则对二者均有负向影响,对金融风险资产占比的边际效应为-0.024 1,对正规金融风险资产占比的边际效应为-0.017 8;供给信贷约束对二者的影响均为正向,对金融风险资产占比的影响不显著,对正规金融风险资产占比的边际效应为0.021 5,在1%水平上显著。

表6.8 金融素质、信贷约束对金融风险资产配置的影响

Table 6.8 The Impact of Financial Literacy,Credit Constraints on Allocation of Risky Assets

变量名称	(1) 金融风险资产占比	(2) 金融风险资产占比	(3) 正规金融风险资产占比	(4) 正规金融风险资产占比
	Tobit	ivTobit	Tobit	ivTobit
金融素质(简单汇总)	0.075 8***	0.010 7***	0.095 1***	0.006 9****
户主性别	-0.017 2	-0.004 5	-0.119 6	-0.014 8
户主年龄	-0.001	0.000 6*	-0.007***	-0.000 3
健康水平	-0.025 1	0.005 3	-0.000 6	0.004 2
家庭规模	-0.031 2**	-0.013 9***	-0.043*	-0.009 2***
教育负担	-0.030 1*	-0.007 1*	0.012 8	-0.000 4
受教育程度	0.006 4	0.000 3	0.04***	0.001 5
家庭年收入	0.023 4***	0.028 4***	0.018 8	0.011**
家庭净资产	0.103 4**	0.001 3	0.068 8	-0.003 7
是否有投资性房产	-0.124 9***	-0.002 9	-0.026 8	0.021 7**
是否接受过财经训练	0.109 5***	0.035***	0.192 2***	0.027 1***
到县城的距离是否超过20 km	-0.007 3	-0.002 6	-0.042	-0.003 4
是否有电商网点	-0.047 6*	-0.009 7	0.023 2	-0.001 3
地区控制变量	-0.001 9	0.000 2	-0.001	0.000 2

续表

变量名称	(1) 金融风险资产占比	(2) 金融风险资产占比	(3) 正规金融风险资产占比	(4) 正规金融风险资产占比
	Tobit	ivTobit	Tobit	ivTobit
需求信贷约束	-0.005 5	-0.024 1***	-0.051 7	-0.017 8**
供给信贷约束	-0.01	0.014 3	0.021	0.021 5***
N	616	616	616	616
peseudo R^2	0.852 5		0.829	
一阶段估计 F 值		680.935		680.935
DWH 检验χ^2(p 值)		6.437 (0.011 4)		1.469 (0.022 6)

注:表中列出的估计结果为边际效应,10%、5%、1%显著性水平分别由 *、* *、* * * 表示。

本章有关信贷约束(需求型和供给型)、金融素质以及家庭资产选择三者之间共变关系的估计结果与经验观察基本上是一致的,具体表现在以下几个方面:

第一,正如本书第 5 章所述,对于西部脱贫地区农户而言,金融素质低下实质上是诱发需求信贷约束的根本原因,承受需求信贷约束的农户多为中等以下收入农户,且金融素质低下,因此,无论是正规金融风险市场,还是非正规金融风险市场,其参与能力都非常有限,金融风险资产在家庭资产中的配置比例自然不会太高。

第二,对于供给信贷约束而言,其根源于信贷供给方由于信息不对称或者监管机构限制而实施的信贷配给,也就是说,样本农户承受供给信贷约束,尤其是部分数量配给,并非源于自身低下的金融素质水平以及财富水平,因此,即便样本农户承受供给信贷约束,也未必会对金融风险市场参与以及金融风险资产配置产生影响。事实上,正如前文所述,目前在我国西部脱贫地区,受供给信贷约束程度最深的群体正是中等收入农户,而该群体恰恰是农村经济社会发展中最具活力的群体之一,相比而言,具有较为强烈的参与意识和较高的认知水平。

第三，由于西部脱贫地区农户参与股票、基金等金融风险市场的比例极低，为了确保相关实证分析结果真实有效，本书对正规金融市场参与和正规金融风险资产占比采用了较为宽泛的定义，所谓正规金融市场参与、正规金融风险资产占比实质上更多地反映了西部脱贫地区农户持有银行理财产品的现状，而风险较低的银行理财产品事实上被西部脱贫地区农户误认为回报较高的储蓄产品，因此，对于家庭财富以及金融素质均处于较低水平的农户而言，参与金融风险市场的比例也就不会太高。结合上述分析，在我国西部脱贫地区，承受供给信贷约束的农户参与正规金融风险市场的可能性，以及在正规金融风险资产上的配置比重，均显著高于未承受供给信贷约束的农户，也就不足为奇了。

6.2.4 稳健性检验

本章采用因子分析赋值法拟制的金融素质指标，进一步检验将信贷约束纳入家庭资产选择影响因素及作用机理分析框架后，金融素质（因子分析赋值）、信贷约束对样本农户家庭资产选择的影响及作用机理的稳健性。同理，由于金融素质可能存在内生性问题，本章采用除自身外甘肃省辖集中连片特困区农户金融素质（因子分析赋值）平均水平作为工具变量进行两阶段估计，估计结果显示金融素质存在内生性且不存在弱工具变量问题，因此，基准回归估计结果存在偏误，本章最终采用两阶段回归估计结果来说明相关影响机理。表 6.9 反映了相关分析结果，为节省篇幅，只报告了两阶段回归估计结果。

表 6.9 第（1）、（2）列展示了金融素质（因子分析赋值）、信贷约束对样本农户金融市场参与和正规金融市场参与的边际影响以及显著性水

平，计量分析所采用的模型为 Probit 模型；第(3)、(4)列展示了金融素质(因子分析赋值)、信贷约束对样本农户金融风险资产占比和正规金融风险资产占比的边际影响及显著性水平，计量分析所采用的模型为 Tobit 模型。从估计结果可以看出，在控制住信贷约束和其他因素的情况下，样本农户金融素质(因子分析赋值)的提高，对金融风险市场参与及参与深度均有显著的正向推动作用；在控制住金融素质(因子分析赋值)和其他因素的情况下，需求信贷约束与供给信贷约束的影响呈现出完全不同的结果，其中，受到需求信贷约束的农户参与金融风险市场的概率及参与深度均低于对照组没有受到需求信贷约束的农户；受到供给信贷约束的农户参与正规金融风险市场的概率及参与深度均高于对照组没有受到供给信贷约束的农户。这与上述估计结果基本一致，说明本章的结论是稳健的。

综合第 6.1 节表 6.5、表 6.6 和本节表 6.9 的分析结果，可以发现，本章的估计结果是稳健的。据此，本章得出如下结论：随着金融素质的提高，西部脱贫地区农户参与金融风险市场的可能性以及在金融风险资产上的配置比重也将随之增加；在构成金融素质概念的三个维度中，金融知识和金融行为的影响最大，金融知识对西部脱贫地区农户金融风险市场参与及参与深度均有显著正向影响，金融行为则对正规金融风险市场参与及参与深度有显著正向影响，金融态度仅对正规金融风险市场参与呈现显著负向影响；同时，需求信贷约束和供给信贷约束的影响则恰恰相反，承受需求信贷约束会抑制西部脱贫地区农户参与正规金融风险市场，并降低农户在正规金融风险资产上的资金配置；承受供给信贷约束的西部脱贫地区农户参与正规金融风险市场的积极性反倒更高，在正规金融风险资产上的资金配置也更多。

表 6.9　金融素质、信贷约束对家庭资产选择的影响：稳健性检验

Table 6.9　The Impact of Financial Literacy, Credit Constraints on Household Portfolio Choice: Robustness Test

变量名称	(1) 金融市场参与	(2) 正规金融市场参与	(3) 金融风险资产占比	(4) 正规金融风险资产占比
	ivprobit	ivprobit	ivTobit	ivTobit
金融素质(因子分析)	0.163 3***	0.078 3***	0.035 6***	0.018 8***
户主性别	-0.032	-0.042	-0.009 5	-0.016 4
户主年龄	0.002 1	-0.002	0.000 6	-0.000 3
健康水平	0.032 7	0.019 2	0.006 6	0.006
家庭规模	-0.059 3***	-0.037***	-0.013 5***	-0.008 4***
教育负担	-0.038 1**	-0.003 3	-0.008 8**	-0.001 3
受教育程度	0.002 6	0.006 8	0.000 3	0.001 3
家庭年收入	0.092 5***	0.039 5*	0.024 5***	0.009 4*
家庭净资产	0.057 5*	0.012 4	0.004 8	-0.000 4
是否有投资性房产	0.010 7	0.065 2	-0.004 5	0.009 9
是否接受过财经训练	0.112 3***	0.106 1***	0.029 1***	0.023 4***
到县城的距离是否超过 20 km	-0.015 8	-0.020 1	-0.003 3	-0.003 5
是否有电商网点	-0.032 5	0.009 8	-0.006 2	0.001 9
地区控制变量	0.001 4	0.002 3	0.000 8	0.000 7
需求信贷约束	-0.114 3***	-0.084 2**	-0.028 3***	-0.018 1**
供给信贷约束	0.028 9	0.094 7**	0.009 3	0.018 1**
N	616	616	616	616
一阶段估计 F 值	674.24	674.24	674.24	674.24
DWH 检验 χ^2(p 值)	47.83 (0.000 000 121)	14.02 (0.000 199)	45.97 (0.000 000 291)	14.86 (0.000 129)

注：表中列出的估计结果为边际效应，10%、5%、1%显著性水平分别由 *、* *、* * * 表示。

6.3　小结

本章的主旨与第 5 章类似，即利用计量分析方法及实地调查数据检

验金融素质、信贷约束对家庭资产选择的影响及作用机理。具体论述从金融素质对家庭资产选择的影响和金融素质、信贷约束对家庭资产选择的影响两个角度展开。该章是本书第5章的延续,是本书论证过程的另一个重要环节。

本章将金融风险市场分为正规金融风险市场和非正规金融风险市场,正规金融风险资产所涵盖的范围较广,泛指银行理财产品、黄金、股票、基金等能够合法流通的金融风险资产(房产除外);非正规金融风险资产则仅仅涵盖民间借贷,并最终将家庭金融市场参与、家庭正规金融市场参与、金融风险资产占比、正规金融风险资产占比作为被解释变量。家庭金融市场参与表示家庭持有上述正规金融风险市场和非正规金融风险市场中的金融风险资产;家庭正规金融市场参与表示家庭持有上述正规金融风险市场中的金融风险资产;金融风险资产占比表示家庭持有的上述正规金融风险市场和非正规金融风险市场中的金融风险资产占家庭净资产的比重;正规金融风险资产占比表示家庭持有的上述正规金融风险风险市场中的金融风险资产占家庭净资产的比重。参照已有研究的做法,本章采用Probit模型分析金融素质、信贷约束对样本农户金融市场参与和正规金融市场参与的影响,采用Tobit模型分析金融素质、信贷约束对样本农户家庭金融风险资产占比和正规金融风险资产占比的影响[21,144]。考虑到金融素质存在的内生性,可能导致基准回归结果出现偏误,因此,本章采用除自身外甘肃省辖集中连片特困区农户金融素质平均水平作为工具变量进行两阶段估计,并将两阶段估计结果作为最终讨论的依据。

本章采用两种测量方法拟制金融素质指标,并检验金融素质、信贷约束对样本农户家庭资产选择所产生的影响及作用机理。研究发现,金融素质对样本农户金融风险市场参与和金融风险资产配置具有显著正向影响。金融素质的提高将同时推动样本农户参与非正规和正规金融风险市场,并增加样本农户在正规和非正规金融风险资产上的配置比重。在构成金融素质概念的三个维度中,金融知识和金融行为的影响最大,其中金融知识对样本农户金融风险市场参与及参与深度均有显著正向影响,金融行为则对正规金融风险市场参与及参与深度有显著正向影响,除了对正规金融风险市场参与有显著负向影响外,金融态度的影响均不显著。可见,在我国西部脱贫地区农户金融风险市场参与以及参与深度,在很大程度上取决于自身金融行为的合理审慎程度以及金融知识的全面程度。反之,要改变我国西部脱贫地区农户金融风险市场参与及参与深度的现状,有针对性的金融行为和金融知识的正向干预则是不可或缺的政策选项。

此外,本章还发现家庭收入的提高、有家庭成员接受过财经训练都将推动样本农户持有正规和非正规金融风险市场中的金融风险资产。家庭规模的作用则恰好相反。持有投资性房产的样本农户参与正规金融风险市场和持有相关金融风险资产的可能性要显著高于没有投资性房产的样本农户,说明投资性房产对于我国西部脱贫地区农户风险资产投资没有明显的“挤出”效应。样本地区电子商务的发展在推动样本农户参与正规金融市场的同时,抑制了样本农户参与非正规金融风险市场的意愿。有家庭成员担任公职的样本农户参与正规金融风险市场的可能性显著高于没有家庭成员担任公职的样本农户。

本章将信贷约束分为需求信贷约束和供给信贷约束两类,实证分析了金融素质、信贷约束与样本农户家庭资产选择的互动机理。分析结果显示,在控制金融素质和其他变量的情况下,需求信贷约束对样本农户金融风险市场参与及参与深度均有显著负向影响,承受需求信贷约束的样本农户参与非正规金融风险市场和正规金融风险市场的可能性,以及在正规和非正规金融风险资产上的配置比重,均显著低于未承受需求信贷约束的样本农户;供给信贷约束则对样本农户正规金融风险市场参与和正规金融风险资产配置具有显著正向影响,也就是说,由于西部脱贫地区特殊的经济社会环境,承受供给信贷约束的农户参与正规金融风险市场的可能性,以及在正规金融风险资产上的配置比重,均显著高于未承受供给信贷约束的农户。

综上所述,金融素质是农户家庭资产选择重要的影响因素。金融素质的提升将同时推动农户参与非正规金融风险市场和正规金融风险市场,并增加农户在正规和非正规金融风险资产上的配置比重。不仅如此,结合本书第 5 章的结论,金融素质的提升可以有效纠正农户对信贷市场、信贷政策、信贷产品以及自身权利义务的认知偏差,显著降低承受需求信贷约束及背后信贷配给方式——风险配给、交易成本配给、自我配给的概率。由于需求信贷约束同样也是西部脱贫地区农户家庭资产选择重要的影响因素,对农户金融风险市场参与及参与深度均有显著负向影响。据此,可以得出如下结论:对于西部脱贫地区农户而言,金融素质不仅会对家庭资产选择产生直接的影响,还可能通过缓解需求信贷约束,进一步影响家庭资产选择。

7

结论与政策建议

本章是本书的总结性章节，旨在依据本书实证分析结果，进一步凝炼归因于金融素质、信贷约束的西部脱贫地区农户家庭资产选择的异质性特征及三者之间的互动机理，并以此为基础，针对相应的问题提出切实可行的对策和建议。本章由三个方面的内容构成：第一，系统地梳理总结本书主要的研究结论，结合中国家庭金融调查相关数据，进一步凝炼归因于金融素质、信贷约束的西部脱贫地区农户家庭资产选择的异质性特征及三者之间的互动机理；第二，以本书主要研究结论为基础，分别从西部脱贫地区农户金融素质正向干预和普惠型农村金融服务和保障体系的构建两个角度提出相应的政策建议；第三，进一步探讨本书存在的不足以及未来研究的拓展方向。

7.1　主要研究结论

本书基于甘肃省辖集中连片特困区实地调查，深入探讨了归因于金融素质和信贷约束的我国西部脱贫地区农户家庭资产选择的异质性特征及三者之间的互动机理。

为了揭示西部脱贫地区农户金融素质、信贷约束和家庭资产选择之间的互动机理，本书首先通过特定的方法，将三者转化成能够度量的评价指标体系，以兰州理工大学与兰州财经大学“金融素质视角下贫困地区农户家庭资产选择研究”项目组在甘肃省辖集中连片特困区组织实施的农户金融素质和家庭资产配置调查数据为依据，清晰地刻画记录西部脱贫地区农户金融素质、信贷约束的现状及家庭资产选择的特征。在此基础上，本书分别验证了金融素质对信贷约束以及金融素质、信贷约束对家庭资产选择的作用机理。最后，进一步凝炼归因于金融素质、信贷约束的西部脱贫地区农户家庭资产选择的异质性特征及三者之间的互动机理，为构建普惠型农村金融服务和保障体系以及实施西部脱贫地区农户金融素质正向干预提供对策和建议。

根据信贷配给机制的不同，本书将信贷约束划分为需求信贷约束和供给信贷约束，通过分析金融素质等禀赋对西部脱贫地区农户信贷约束及背后信贷配给方式的影响，最终说明金融素质与信贷约束之间的互动机理。对于西部脱贫地区农户金融素质和信贷约束对家庭资产选择的影响机理的实证分析，本书从是否参与金融风险市场以及参与深度两个角度展开。是否参与金融风险市场由家庭金融市场参与和家庭正规金融市场参与两个指标来反映。所谓正规金融风险资产，泛指银行理财产品、股票、黄金、基金等能够合法流通的金融风险资产（房产除外），本书以入户调查时，样本农户持有此类资产的状态为标准来界定家庭正规金融市场参与；非正规金融风险资产则仅仅涵盖民间借贷，本书界定家庭金融市场参与的标准则是入户调查时样本农户持有非正规金融风险资产或者正规金融风险资产的状态。参与金融风险市场的深度则由金融风险资产占比、正规金融风险资产占比两个指标来反映。正规金融风险资产占比特指入户调查时样本农户持有的正规金融风险资产在家庭净资产中所占的比重；金融风险资产占比则特指入户调查时样本农户持有的金融风险资产在家庭净资产中所占的比重。本书实证分析结果显示：

第一，我国西部脱贫地区农户金融素质的整体水平很低，相互间的差异很大。以简单汇总赋值法拟制的样本农户金融素质指标为例，样本农户金融素质的平均得分为 10.25，仅为总分值的 51.36%，标准差则接近 2.3。构成金融素质的三个相互独立子系统——金融知识、金融行为和金融态度以特有的方式维持着整个系统的动态平衡。其中，样本农户金融知识的平均得分为 2.23，仅为金融知识模块总分值的 31.86%，标准差则达到 1.48；金融行为的平均得分为 3.93，仅为金融行为模块总分值的 49.12%，标准差也达到 1.29；样本农户金融态度的平均得分则达到 4.09，为金融态度模块总分值的 81.8%，标准差仅为 0.64，这充分说明我国西部脱贫地区农户金融知识的全面程度和金融行为的审慎程度均非常有限，与之相匹配的恰恰是西部脱贫地区农户保守的财富和消费观念以及强烈的储蓄意识[1]。此种均衡，正是西部脱贫地区农户为实现自身利益最大化而做出的理性选择，是通过西部脱贫地区特有的知识传输体系习得的最重要的经营之道。

正如本书文献综述部分所述，已有研究大多将金融素质（Financial literacy）与金融知识（Financial knowledge）视为同义词，所采用的金融素质测量工具仅包含金融知识维度的测试内容，这与本书所采用的金融素质界定与测量方法不完全一致，因此，无法直接对相关研究结论进行比较。但是，目前国内相关研究大多采用历次中国家庭金融调查相关数据，鉴于该调查所采用的金融知识测量工具中的三个测试问题与本书所采用的金融素质测量工具中金融知识维度的测试问题重合，因此，本书基于 2013 年度中国家庭金融调查数据，将二者的测试结果进行比较，进一步说明西部脱贫地区农户金融素质的异质性特征（具体见表 7.1）。

表 7.1 不同地区家庭金融知识相关问题回答情况比较

Table 7.1 The Comparison of the Families' Answers to the Questions Related to Financial Knowledge in Different Regions

家庭类型	复利计算			通货膨胀认知			投资风险认知		
	正确(%)	错误(%)	不知道(%)	正确(%)	错误(%)	不知道(%)	正确(%)	错误(%)	不知道(%)
样本农户	54.2	26.6	19.2	3.0	6.7	90.3	17.1	7.6	75.3
城镇家庭	16.7	40.0	43.3	16.0	49.7	34.3	38.0	24.0	38.0

从表 7.1 可知,针对金融知识维度的三个测试问题,城镇家庭和西部脱贫地区样本农户回答正确的比例都未达到或者刚刚超过 50%,说明二者金融知识的平均水平都非常有限,但是,相比较而言,城镇家庭金融知识的平均水平还是远高于西部脱贫地区样本农户。此外,需要强调的是,对于复利计算问题,西部脱贫地区农户回答正确的比例超过一半,明显高于城镇家庭回答正确的比例,说明西部脱贫地区农户对该问题的认知程度较高,甚至超过城镇家庭。究其原因,主要是我国农村地区,尤其是西部农村地区,民间借贷较为普遍,因此,对于西部脱贫地区农户而言,复利计算实质上已经成为生产生活不可或缺的技能,而此类技能往往通过农村特有的知识、技能传输体系便可熟练习得。这一现象恰恰说明西部脱贫地区农户有其独特的金融素质养成之道。

第二,在我国西部脱贫地区,农户不仅受到供给信贷约束,还受到需求信贷约束,农户面临的信贷约束问题,尤其是需求信贷约束问题依然比较突出。本书调查数据显示,有将近一半的样本农户受到信贷约束,其中受到需求信贷约束样本农户的占比达到 27.92%,受到供给信贷约束样本农户的占比达到 14.94%(其中有 8.44%的样本农户受到完全数量配给,即申请了贷款被银行完全拒绝),承受需求信贷约束样本农户的数量明显高于承受供给信贷约束样本农户的数量。这充分说明，目前随着国家对西部脱贫地区金融扶持力度地不断加大以及金融服务业供给侧结构性改革地不断推进，信贷市场需求方不利的交易地位正在被逐步矫正，相比较而言，我国西部脱贫地区农户面临更为严重的需求信贷约束，对信贷产品以及信贷流程等方面的认知偏差所引发的自我抑制已经成为诱发样本地区农户信贷约束最重要的原因[1]。此前，2013 年度中国家庭金融调查数据显示，我国城镇地区有 48.3%的家庭受到信贷约束，其中 4.8%的家庭申请了贷款被银行完全拒绝，而农村地区金融抑制现象更为严重，有 72.7%的农户受到信贷约束，申请了贷款被银行完全拒绝的样本农户则达到 9.8%[8]。由于所采用的界定与测量方法不同，有关我国农村家庭承受信贷约束的现状描述，中国家庭金融调查数据与本书调查数据存在一定程度的偏差，但是二者的结论基本上是一致的，即在我国农村地区信贷约束问题依然突出，信贷约束事实上已经成为我国农户生产生活过程中无法回避的外部约束。这从另一个角度映证了本书将金融素质、信贷约束同时纳入家庭资产选择影响因素及作用机理分析框架，实证检验三者之间互动机理的必要性。

在此基础上，本书进一步明确了西部脱贫地区农户承受信贷约束的异质性特征。

从收入角度来看，本书调查数据显示，承受部分数量配给和完全数量配给的样本农户大多集中在中等收入组（2 万~5 万元），随着收入的增加，承受完全数量配给的样本农户数量更是呈现钟形分布，说明在我国西部脱贫地区，由于农村信用社、银行等金融机构（信贷供给方）在信贷决策过程中存在明显的身份和财产差别化对待倾向，再加之现有政策性贷款项目辐射半径的严格限制，目前中等收入农户已经成为我国西部脱贫地区承受供给信贷约束程度最深的群体。对于需求信贷约束而言，如本书调查数据显示，承受风险或交易成本配给的样本农户同样大多集中在中等收入组（2万~5万元），且未发现明显的收入效应；自我配给发生的概率则随着样本农户收入的增加而降低。综上所述，除自我配给引发的需求信贷约束外，西部脱贫地区农户承受信贷约束均未呈现出明显的收入效应。

该结论与2013年度中国家庭金融调查相关结果存在较大差异。此次调查数据显示，从总体来看，无论是农业生产经营信贷、工商业经营信贷、住房信贷、汽车信贷，还是信用卡信贷，其可得性都随着家庭收入的增加而提高，我国家庭承受信贷约束呈现出明显的收入效应[8]。需要指出的是，如前文所述，由于所采用的信贷约束的测量评估体系不同，2013年度中国家庭金融调查相关结果并未就我国家庭承受需求信贷约束和供给信贷约束的现状做出说明，对我国家庭承受信贷约束的现状的总结刻画也与本书部分研究结论在一定程度上存在出入。但是，就所采用的信贷约束测量评估体系而言，中国家庭金融调查与本书的区别主要体现在信贷约束背后信贷配给机制的识别分类程序的设定环节，如果撇开信贷约束背后的信贷配给机制不讲，二者对是否承受信贷约束问题的识别评价标准则有较高的一致性，单就我国家庭承受信贷约束的总体情况而言，该调查相关结果可以作为参照体系与本书研究结论进行比较，进一步说明二者之间的异同。综上所述，可以得出如下结论，从收入角度来看，西部脱贫地区农户承受信贷约束并未呈现出明显的"收入效应"，与承受信贷约束的全国家庭的收入分布总体特征存在一定程度的偏差。

从金融素质角度来看，本书调查数据显示，承受完全数量配给和部分数量配给的样本农户均集中在金融素质中等得分组（10~12分）和金融素质中等偏上得分组（12~14分），金融素质的高低与样本农户是否承受供给信贷约束之间没有显著的相关关系，说明样本农户金融素质的现状及可能带来的影响并未引起金融机构应有的关注,也未对其信贷决策产生任何重大的影响。

承受需求信贷约束样本农户的金融素质分布特征则恰恰相反。其中金融素质中等偏下得分组(8~10 分)样本农户承受风险或交易成本配给的可能性最大,受到自我本配给的样本农户则全部集中于金融素质中等得分及以下组,其中低分组(8 分以下)最多。金融素质低下是诱发样本地区农户需求信贷约束的重要原因。综上所述,承受需求信贷约束和承受供给信贷约束样本农户的金融素质分布特征有较大差异,样本农户金融素质仅对是否承受需求信贷约束产生显著的影响。

该结论同样与 2013 年度中国家庭金融调查相关结果存在偏差。此次调查以"是否参加过经济金融课程培训"为标准来衡量家庭经济金融素质,调查结果显示,对于参加过经济金融课程培训的家庭而言,无论是农业生产经营信贷、工商业经营信贷、住房信贷、汽车信贷,还是信用卡信贷,其信贷可得性明显高于未参加过经济金融课程培训的家庭,我国家庭是否承受信贷约束与自身金融素质的高低直接相关[8]。鉴于中国家庭金融调查所采用的金融素质的界定与测量方法与本书存在较大差异,上述调查结果与本书研究结果事实上已经失去可比性。由于缺乏相关微观调查数据,本书权且将上述调查结果作为参考,以彰显承受信贷约束的西部脱贫地区农户的金融素质分布特征。至于承受信贷约束的西部脱贫地区农户的金融素质分布特征与承受信贷约束的全国家庭的金融素质总体分布特征之间的异同,只能留待后续研究予以说明。

第三,我国西部脱贫地区农户参与金融风险市场的积极性和深度很低。表 7.2 显示,样本农户中,参与正规金融风险市场的比例仅为 9.58%,参与金融风险市场的比例也不过 17.37%,远低于城镇家庭的 17% 和 31.4%,可见,无论是从各项指标的绝对数值来看,还是与城镇居民进行比较而言,在我国西部脱贫地区,农户参与金融风险市场的积极性不高,金融风险市场参与率很低。

此外,我国西部脱贫地区农户参与金融风险市场的深度也很浅。首先,从金融风险资产的种类来看,如表 7.2 所示,尽管我国西部脱贫地区农户与城镇家庭所持有的金融风险资产的种类都很有限,但是彼此间的偏好存在较大差异。正规金融风险资产中,样本农户更偏好银行理财产品,持有股票和基金的比例均远低于持有银行理财产品的比例,而城镇家庭的偏好则恰恰相反,说明相对于基金和股票而言,我国西部脱贫地区农户更倾向于诸如银行理财产品之类程序简便、风险较低的金融产品。至于对外借款,城镇家庭的持有比例同样明显高于西部脱贫地区农户。

表 7.2 不同地区家庭金融风险资产配置现状比较

Table 7.2 The Comparison of the Status Quo of Farmers' Asset Allocation in Different Regions

金融风险资产种类	样本农户持有占比(%)	城镇家庭持有占比(%)
股票	1.46	11.10
银行理财产品	5.19	3.00
基金	1.30	5.20
互联网理财产品	2.60	—
正规金融风险资产(含以上四种)	9.58	17.00
对外借款	8.77	14.40
金融风险资产(含对外借款)	17.37	31.40

(四舍五入保留两位小数)

其次,从金融风险资产的配置比重来看,已经参与金融风险市场的样本农户中,正规金融风险资产以及对外借款占家庭净资产的比重在10%~30%的农户的占比均接近或达到 70%,配置比重在 30%以上的农户的占比仅为 10.17%和 16.67%,可见,我国西部脱贫地区农户金融风险市场的参与深度也十分有限。此外，本书以是否有家庭成员担任公职为依据，将样本农户分为两部分，分别考察了二者参与金融风险市场的深度。结果显示，有家庭成员担任公职的样本农户中，正规金融风险资产配置比重在10%～30%的农户的占比超过50%，在所有参与正规金融风险市场的样本农户中的占比也达到了25.42%，远远高于没有家庭成员担任公职的样本农户。如本书第4章所述，在我国西部脱贫地区，有家庭成员担任公职的样本农户事实上已经在某种程度上超越了城乡二元经济结构的限制，能够有条件地进入城市金融市场获取更为便捷的金融服务，有家庭成员担任公职的样本农户与没有家庭成员担任公职的样本农户在金融风险资产配置上的差异，实际上从另一个侧面反映了西部脱贫地区农户与城镇家庭金融风险市场参与深度的不同。

第四，本书揭示了西部脱贫地区农户金融素质、信贷约束和家庭资产选择之间的互动机理，即金融素质的提升不仅直接对农户金融风险市场参与及参与深度产生正向影响，还通过缓解需求信贷约束，进一步正向影响农户金融风险市场参与及参与深度。具体内容如下：

①本书研究发现，金融素质的提升将同时提高样本农户参与正规和非正规金融风险市场的可能性，并提高样本农户在正规和非正规金融风险资产上的配置比重。在构成金融素质概念的三个维度中，金融态度仅仅对正规金融市场参与有显著负向影响，然而，金融知识对样本农户金融风险市场参与及参与深度均有显著正向影响，金融行为则对正规金融风险市场参与及参与深度有显著正向影响。可以说，要改变西部脱贫地区农户金融风险市场参与及参与深度的现状，对金融行为和金融知识的正向干预则是不可或缺的政策选项。

②本书研究还发现，在其他影响因素不发生变化的情况下，需求信贷约束对样本农户金融风险市场参与及参与深度均有显著负向影响，有效

缓解样本农户所承受的需求信贷约束也会对金融风险市场参与及参与深度产生正向推动作用。

③本书研究证明，在其他影响因素不发生变化的情况下，金融素质的提高可以有效纠正样本农户对信贷市场、信贷政策、信贷产品以及自身权利义务的认知偏差，显著降低其承受需求信贷约束及背后不同方式信贷配给——风险配给、交易成本配给、自我配给的概率，尽管家庭固定资产变量对样本农户承受需求信贷约束及背后信贷配给方式的影响同样呈现出相似的结果，但是，由于边际效应十分微弱，因此，可以得出结论，金融素质低下是目前我国西部脱贫地区农户承受需求信贷约束最重要的原因[1]。

7.2 政策建议

基于归因于金融素质和信贷约束的我国西部脱贫地区农户家庭资产选择的异质性特征及形成机理的探讨和分析，本书分别从西部脱贫地区农户金融素质正向干预和普惠型农村金融服务和保障体系的构建两个角度阐释本书研究结论的政策启示。

7.2.1 正向干预西部脱贫地区农户金融素质的政策建议

本书实证分析结果表明，金融素质决定着西部脱贫地区农户家庭资产选择的合理审慎程度，不仅直接影响农户金融风险市场参与和金融风险资产配置，还可能通过缓解需求信贷约束，进一步影响农户金融风险市场参与和金融风险资产配置。由于目前能够有效改善金融素质的手段只有金融教育[142]，因此，以农户为对象，在我国西部脱贫地区实施金融教育,正向干预农户家庭资产选择的必要性和可行性自然不言而喻。

由于金融教育具有高度情境化特征,金融教育的对象选择、目标设定、内容选取、形式确定以及实施效果评估都必须经过严格论证[1,107,142]。我国经济社会发展不均衡,区域和城乡差异明显,金融教育差别化自然成为必然的政策选择。然而,差别化金融教育政策的精准性和有效性,取决于对特定区域特定群体金融素质现状以及与家庭资产选择等变量之间互动机理的清晰认知。因此,本章以上述相关实证分析结果为依据,针对我国西部脱贫地区农户金融教育问题提出如下政策建议:

第一,以西部脱贫地区农户为对象,实施有针对性的金融教育是目前无法回避的政策选项。本书实证分析结果证明,西部脱贫地区农户金融素质水平的提升将显著提高其参与非正规金融风险市场和正规金融风险市场的可能性,并增加其在非正规和正规金融风险资产上的配置比重,同时,西部脱贫地区农户金融素质水平的提升还将有效纠正其对信贷市场、信贷政策、信贷产品以及自身权利义务的认知偏差,显著降低承受需求信贷约束的可能性,进而缓解需求信贷约束对金融风险市场参与及参与深度的负向影响。与此同时,本书实证分析结果还表明,西部脱贫地区农户金融素质的整体水平很低,承受信贷约束尤其是需求信贷约束的比例较高,参与金融风险市场的积极性和深度都很低,因此,在我国,以西部脱贫地区农户为对象,有针对性地实施金融教育是非常必要的。

第二,年龄在40岁以下的户主应该成为金融教育优先考虑的对象。本书实证分析结果表明,对于西部脱贫地区农户而言,户主年龄对非正规金融风险市场(仅包括民间借贷)和正规金融风险市场参与及参与深度的影响呈现不同的方向,其中对非正规金融风险市场参与及参与深度呈现出正向影响,对正规金融风险市场参与及参与深度则呈现出负向影响。可见,西部脱贫地区农户在金融风险资产选择上具有明显的年龄效应,户主年龄越低参与非正规金融风险市场的可能性越小，参与正规金融风险市场的可能性越大，反之亦然。

具体来看，本书实证分析结果显示，户主年龄在 40 岁以下的样本农户参与正规金融风险市场的比例要远高于其他年龄段样本农户，是西部脱贫地区正规金融风险市场最活跃、最重要的参与者，也是农户间相互模仿、自我教育的典范和起点。此外，本书实证分析结果证实，户主年龄在 40 岁以下的样本农户的金融态度平均得分明显低于全部样本农户金融态度的平均得分，进一步说明尽管从总体来看，我国西部脱贫地区农户对待财富、消费的观念依然保守，自觉储蓄的意识依然较强，但是，单就户主年龄在 40 岁以下的农户而言，情况已经发生很大变化，其财富和消费观念已渐趋开放。

金融素质是投资主体综合能力的体现，是金融知识、金融行为和金融态度三个维度构成的动态系统。构成金融素质的三个维度之间相互作用、相辅相成，其中任何一个维度的变化都需要其他维度相应的变化来维持该系统的动态平衡。根据国外的经验，对于投资主体而言，在金融知识全面程度和金融行为审慎程度均非常有限的情况下，较为开放的财富和消费观念，可能引发过度消费或者误入诈骗陷阱等问题。如果不对投资主体的金融知识和金融行为进行相应的正向干预，实现金融素质系统在更高层面的平衡，而是放任上述结果出现，最终必然出现投资主体通过将财富和消费观念回调到极端保守状态的方式以实现金融素质系统的平衡，这不仅会挫伤投资主体参与金融市场、优化资产配置的积极性，还会通过群体间特有的知识行为传递方式影响其他主体参与金融风险市场、优化资产配置的积极性。

不仅如此，本书实证分析结果还显示，户主年龄在 40～60 岁的样本农户是西部脱贫地区经济活动的主体，以此类推，户主年龄在 40 岁以下的农户很快将成为西部脱贫地区经济活动的主体,该群体家庭资产选择的合理审慎程度将关系到西部脱贫地区未来经济社会发展的活力。因此,年龄在 40 岁以下的户主应该成为西部脱贫地区农户金融教育必须优先考虑的对象。

第三,金融行为和金融知识的正向干预应该成为金融教育的核心内容。本书实证分析结果证明,对于西部脱贫地区农户而言,在其他条件不变的情况下,无论是金融风险市场的参与,还是金融风险市场的参与深度,在很大程度上取决于自身金融行为的合理审慎程度以及金融知识的全面程度。可见,要实施金融教育,改变西部脱贫地区农户金融风险市场参与及参与深度的现状,对金融行为和金融知识的正向干预则是不可或缺的教育内容。

本书实证分析结果显示,金融知识测试模块所涉及的七个问题中,样本农户对“单利计算”“复利计算”和“货币时间价值”三个问题的回答正确率较高,对“贷款利息的认知”“通货膨胀的认知”“投资风险的认知”和“风险分散”四个问题的回答正确率则极低。这基本明确了实施金融教育,正向干预西部脱贫地区农户金融知识水平的内容和方式。从内容看,除了在日常生活中经常遇到的与自身利益密切相关的单利、复利计算问题外,西部脱贫地区农户对经济运行的基本规律、基础性的经济金融知识、风险防控意识和手段以及常见的金融产品及运营规则都缺乏认知或者存在误解,应当成为西部脱贫地区农户金融教育的必修课。考虑到农户的务实作风和切实诉求,风险防控意识和手段以及常见的金融产品及运营规则应当成为其中优先设置的内容。同样,由于务实的作风,农户在日常生活中会主动学习与自身利益密切相关的知识,因此,就金融知识的干预方式而言,在不排除传统的贴近于农户的知识传输宣传方式的前提下,进行正反两类典型行为的宣介、激励,进而引导农户自我学习才是最重要的路径和手段。

此外,本书还展示了西部脱贫地区农户的金融行为特征。从总体来看,金融行为测试模块所涉及的八个问题中,“储蓄的自觉性”“量入而出的习惯”“及时还债的习惯”和“密切关注家庭财务状况的习惯”四个问题,样本农户的回答可以得分的比例均在65%以上;其余四个问题“围绕长期理财目标努力的习惯”“应对入不敷出状态的措施”“金融产品选择行为的审慎程度”和“管理主体明确/制订家庭预算”,样本农户回答可以得分的比例则低于40%,尤其是“金融产品的选择”回答可以得分的比例还不足10%。这充分说明,西部脱贫地区农户大多缺乏长远的财务规划、对金融服务的熟悉程度不高、金融产品选择行为不够审慎。因此,要实施金融教育,提高西部脱贫地区农户金融行为的合理审慎程度,以上三个方面都是无法回避的内容。至于西部脱贫地区农户金融行为的干预方式,由于涉及农户经营模式以及日常行为习惯的革新和重建,因此,相应的干预措施应当围绕两个方面展开:一是与农户经营活动和日常生活密切相关的金融产品、金融服务及使用流程的宣介、引导和激励;二是与农户利益相关的正反两方面典型行为的宣介、引导和激励。

7.2.2 推进普惠型农村金融服务和保障体系建设的政策建议

在我国,农户信贷约束问题较为突出,因此,要建立健全普惠型农村金融服务和保障体系,缓解农户信贷约束问题是必须首先达成的关键目标。本书的实证分析结果表明,信贷约束分为需求信贷约束和供给信贷约束,是西部脱贫地区农户家庭资产选择的重要影响因素。在我国,西部脱贫地区农户面临的信贷约束问题依然比较突出。因此,推进普惠金融发展,缓解西部脱贫地区农户面临的信贷约束问题,对于激励和促进西部脱贫地区农户提高家庭资产选择的合理审慎程度，优化家庭资产配置，同样具有非常重要的意义。

笔者认为，市场经济运行过程中，政府最重要的职能之一应当是通过对市场行为的引导和纠偏，营造或重置良善的市场竞争环境。普惠型金融服务和保障体系的建设，原本是政府针对金融机构不能有效地满足特殊群体金融需求的市场失灵问题所采取的市场重置措施，因此，市场主体行为的纠偏和引导应当成为普惠型金融服务和保障体系建设的核心内容。鉴于信贷约束分为需求信贷约束和供给信贷约束，而二者的成因及作用机理又完全不同，因此，相关市场主体行为的纠偏和引导措施自然彼此有别，各有侧重。

对于供给信贷约束而言，本书实证分析结果发现，在我国西部脱贫地区，金融机构所实施的数量配给依然存在，而且呈现出以下三个特征：

①在我国西部脱贫地区，农村信用社、银行等金融机构（信贷供给方）在信贷决策过程中存在明显的身份差别化对待的倾向；

②在我国西部脱贫地区，农村信用社、银行等金融机构（信贷供给方）在信贷决策过程中同样存在明显的财产差别化对待的倾向；

③中等收入水平农户事实上已经成为目前我国西部脱贫地区承受供给信贷约束程度最深的群体。

鉴于此，本书认为要缓解西部脱贫地区农户供给信贷约束问题，建立健全普惠型农村金融服务和保障体系，至少要做好以下三个方面的工作：第一，进一步健全农村信贷市场信息体系以及信息共享机制建设，积极促进供求双方信息互动、供给机构之间信息共享，着力破解信贷市场供求双方信息不对称问题，提升农村信贷供给体系应对需求侧变化的精准性和灵活性；第二，加快推进农村金融机构的产品服务和风险管理创新、合约实施机制构建以及内部治理机制建设，进一步优化金融机构的贷款合约、贷款方式与程序设计，着力破解信贷市场供给结构单一、供给效率低下的问题，提升农村信贷供给体系的服务广度、深度以及可持续性；第三，不仅如此，就当前我国西部脱贫地区的情况而言，笔者认为上述市场失灵问题的根源还在于信贷市场供给主体单一所导致的农村信贷市场竞争的不充分，加大农村信贷市场供给侧改革力度，加快多元主体相互竞争的农村信贷供给体系建设，进一步完善农村信贷供给体系才是治本之策[1]。

对于需求信贷约束而言，本书实证分析结果发现，与供给信贷约束相比，西部脱贫地区农户面临着更为严重的需求信贷约束。金融素质低下是目前我国西部脱贫地区农户承受需求信贷约束最重要的原因，要破解其所面临的信贷约束问题，实施金融教育，有针对性地对金融素质进行正向干预则是必要的手段。

鉴于此，针对农户借贷行为的多样性，结合上述西部脱贫地区农户金融教育的基本原则，本书提出了更为具体的金融教育政策建议：

①举措与内容归一，传输与西部脱贫地区信贷市场发展阶段相匹配的必要的信贷知识，就我国西部脱贫地区农户而言，要有效纠正对信贷市场的认知偏差，选择适当的方式、适当的途径，定向传输与农村信贷市场、信贷政策、信贷产品以及信贷方权利义务等相关的知识，乃是正向干预金融素质的关键措施之一。

②解构与固化并进，重塑与西部脱贫地区信贷市场发展阶段相匹配的行为习惯，就我国西部脱贫地区农户而言，针对农村信贷市场失灵问题，持续推出功能互补的政策性贷款项目，积极引导农户参与正规信贷市场，增进农户对正规信贷市场的认知，引导农户解构惯性思维和固有行为，同时，探索政策性贷款项目市场化运作的路径及机制，实现政策性贷款项目高效持久地运营，积极引导金融机构不断改进合约实施机制、升级信贷产品，进一步引导农户固化信贷行为的新变化。

③保障与鼓励同步，培育与西部脱贫地区信贷市场发展阶段相匹配的金融态度，就我国西部脱贫地区农户而言，从农村信贷市场外部入手，推进教育、医疗、社会保障和劳动力市场等方面配套改革，积极引导其改变对待风险、消费等问题的态度，同时增强农户就业能力和投资能力培训，鼓励外出务工、创新创业、投资理财，进一步引导其改变对待风险、消费等问题的态度[1]。

还需要强调的是，如前文所述，无论是金融知识还是金融行为，除了传统的知识传输宣传方式外，在具体的干预措施选择上，正负两类典型行为的宣介、激励、引导所激发的农户自主学习应当被高度关注。此外，金融教育具有高度情境化的特征，其有效性取决于对特定群体在不同时空环境下金融素质现状的清晰把握，因此，针对特定群体金融素质周期性调查（标准化）的制度化安排显然也是非常必要的。

7.3 研究不足与研究展望

以下内容主要针对本书的研究不足和下一步可能拓展的研究方向展开：

第一，本书以兰州理工大学与兰州财经大学“金融素质视角下贫困地区农户家庭资产选择研究”项目组在甘肃省辖集中连片特困区组织实施的农户金融素质和家庭资产配置调查数据为样本，样本覆盖甘肃省辖集中连片特困区 13 个县（市区）的 616 户农户。尽管甘肃省辖集中连片特困区是典型的西部脱贫地区，具有较强的代表性，但是，我国幅员辽阔，地区差异明显，以此为样本地区的相关研究结论不可能适用于西部所有地区。因此，本书研究结论的普适性还有待于通过扩充不同地区的样本数据进一步加以论证。此外,由于受时间和经费限制,本书在上述地区所获取的样本总量合计 616 个,数量略显不足,尤其是民族地区的样本数量不足,这在很大程度上影响了本书研究结论的稳健性,相关结论的可靠性还需要后续研究进一步验证。

第二,尽管采用经合组织(OECD)构建的多维度宽口径的金融素质测量评估体系,能够更加全面地反映西部脱贫地区农户投资理财相关人力资本的现状,极大地增强了本书研究结果对西部脱贫地区农户投资理财行为的解释能力,但是,一则,该测量工具的有效性仍未获得普遍认同,所包含的核心测试问题能否有效反映不同国家、地区,不同群体的金融素质水平,至今仍无定论,二则,该测量工具的中国化进程是个循序渐进的过程,获取不同区域城乡间特定群体对该测量工具的不同要求,推动该测量工具与中国情境逐步融合最终实现本土化,仍然是未来一段时期学术界和理论界共同面临的问题[107,142]。这势必对本书研究结果的稳健性造成影响,相关结论的可靠性还需要后续研究进一步验证。

第三,本书研究发现,在我国西部脱贫地区,受到供给信贷约束的农户不仅参与正规金融风险市场的概率明显高于没有受到供给信贷约束的农户,而且正规金融风险资产的配置比重也明显高于没有受到供给信贷约束的农户。该结论与已有研究结果相互矛盾。之所以出现如此大的差异,其中一个重要原因是,现阶段我国西部脱贫地区农户参与股票、基金等金融风险市场的比例极低,为了确保相关实证分析结果的有效性,本书对正规金融市场参与和正规金融风险资产占比等变量采用了较为宽泛的定义,所谓正规金融市场参与、正规金融风险资产占比实质上更多地反映了西部脱贫地区农户持有银行理财产品的现状,而风险较低的银行理财产品事实上被西部脱贫地区农户误以为回报较高的储蓄产品,因此,对于家庭财富水平以及金融素质水平有限的农户而言,参与金融风险市场的比例自然不会太高。尽管该结论与经验观察基本一致,如实地反映了现阶段西部脱贫地区农户家庭资产选择的异质性特征及成因,但是,不可否认的是,该结论未能全面反映西部脱贫地区农户参与股票、基金等金融风险市场的异质性特征及成因,金融素质、信贷约束与西部脱贫地区农户股票、基金等金融风险市场参与及参与深度之间的共变关系还有待客观条件成熟后做进一步说明。

附 录

农户金融素质与家庭资产配置调查表

被访家庭住址:____县(区)____乡(镇)______村　被访家庭编码□□□□□

访问时间:2016年__月__日　　访员姓名:________　访员联系方式:________

访员观察　【注:以下问题由访员通过现场观察或询问相关人员完成】

(J101)被访家庭居住在:　a.村庄□　　　　　b.城镇□

(J102)被访家庭居住地到县城(或更大的城镇)的距离:

a.5 km以内□　　　　b.5~20 km□　　　　c.20 km以上□

(J103)被访家庭所在地是否有信用社、邮储等正规金融机构业务网点?

a.有正规金融机构的业务网点□

b.没有正规金融机构的业务网点,但是有村信贷员、银行三农服务终端等□

c.既没有正规金融机构的业务网点,也没有村信贷员、银行三农服务终端等□

(J104)被访家庭所在地是否有新型金融机构(如小额贷款公司、资金互助社及村镇银行)?

a.有□　　　b.无□

(J105)被访家庭所在地是否有电商网点(如农村淘宝等)?

a.有□　　　b.无□

(J106)被访者是否是被访家庭的户主?

a.是□　　　　b.不是□

(如果不是户主请更换受访者,如果户主不在,请留下户主联系方式,另约时间访问。)

请把下面的这段话读给受访者:

这是一项针对西部地区农村家庭的调查研究,您可以自主选择是否参与本次调查。如果您不愿意,您可以在任何时候,以任何理由退出此次调查。您不会为此承担任何风险。

本次调查收集到的信息是严格保密的,除了参与本次调查的研究人员外,任何人不会接触到这些资料。这些资料除了用于科学研究外不会被用于其他用途。为消除您的疑虑,我们的调查问卷不用填写姓名,您的回答绝不会给您今后的生活带来任何不便。您的回答对我们的科研工作具有非常重要的参考作用,因此,请您根据您的经验及认识,在认真思考后,选择适合您的答案。衷心感谢您的支持与协助!

第一部分:被访家庭成员的基本信息

101(QD1)您家(包括您自己)有几口人?

注:请分别从下列题项中选出适合您的家庭成员的描述,依次填入下面的表格。(只填序号)

家庭成员编码(一次编码)		家庭成员01	家庭成员02	家庭成员03	家庭成员04	家庭成员05	家庭成员06	家庭成员07	家庭成员08
1	和户主的关系:a.户主本人 b.配偶 c.父母 d.岳父母或公婆 e.爷奶 f.子女 g.儿媳或女婿 h.兄弟姐妹 i.其他								
2	性别:a.男　b.女								
3	年龄:a.18 岁以下 b.18~29 岁 c.30~39 岁 d.40~49 岁 e.50~59 岁 f.60~69 岁 g.70 岁以上								

续表

	家庭成员编码(一次编码)	家庭成员01	家庭成员02	家庭成员03	家庭成员04	家庭成员05	家庭成员06	家庭成员07	家庭成员08
4	民族:a.汉族 b.回族 c.藏族 d.蒙古族 e.东乡族 f.其他								
5	受教育程度:a.没有上过学 b.小学 c.初中 d.高中 e.中专或技校 f.大专或高职 g.大学或大学以上								
6	是否接受过财经类教育或训练:a.是 b.否								
7	目前工作状况(多选):a.务农 b.自营企业主 c.公务员/事业单位/国企员工 d.金融机构员工 e.外出打工 f.长期患病或年迈失去工作能力 g.在校读书 h.其他								

第二部分:金融素质(下面要询问一些关于您对金融问题的认识,请独立回答,如果您认为某个答案是正确的,请在您认为合适的选项后的方框“□”内打“√”。如果您不会,请选择“不知道”,请不要查阅资料和互相交流。)

201(QF1)请问通常您家的账谁来管(您家的各项花销都由谁来决定)?

a.您自己□　　b.您和其他家庭成员□　　c.其他家庭成员□

d.无人管理□　　e.不知道□

202(QF2)对于平时的各项花销,您家是否早有安排或打算?(例如,每月或每年存多少钱、花多少钱以及怎么花,您家早有打算。)

a.是□　　b.否□　　c.不知道□

203(QF3)请问在过去的12个月,您家是否出现过下列情况?

a.有了点积蓄,就存在家里□　　b.有了点积蓄,存银行了□

c.惠农一卡通里的钱增加了□　　d.微信、支付宝等账户的余额增加了□

e.买了点银行理财产品、基金、商业保险等(不包括养老保险等)□

f.其他方式(包括借钱或汇钱给其他人,购买房产、家畜等)□

g.这段时间没有积蓄□　　　　　　h.不知道□

204(QF4)假设您的家庭突然没有了收入,如果不向亲朋或其他人借债,请问您的家庭能维持多久?

a.不到一周□　　　　　　　　　b.至少一周,但不到一个月□

c.至少一个月,但不到三个月□　　d.至少三个月,但不到半年□

e.超过半年□　　　　　　　　　f.不知道□

205(Qprod1)如果您的家庭打算贷款或想买某种保险、银行理财产品等,请问在贷款或购买之前,您的家庭会做哪些准备?

a.购买前,我们对比了不同银行或保险公司等单位的各种类似的产品□

b.购买前,我们考虑了同一银行或保险公司等单位的其他产品□

c.购买前,我们没有对比考虑其他任何类似的产品□

d.购买前,我们努力寻找类似的产品,但并没有找到替代产品□

e.没有适合我家实际情况的说法□

f.不知道□

206(Qprod2)如果要贷款或购买某种银行理财产品、保险等,请问您的家庭一般会听谁的建议和意见(或者说最信赖谁)?

a.从银行、保险公司等获得的有关贷款、银行理财产品、保险等的相关介绍□

b.从网上获得的有关贷款、银行理财产品、保险等的相关介绍□

c.从销售人员(如保险推销员)处获取的有关保险等的相关介绍□

d.电视或广播节目发布的相关专家的建议□

e.网上发布的相关专家的建议□

f.在银行、保险公司等金融机构工作的亲戚或朋友的建议□

g.在其他单位(如政府等)工作的亲戚或朋友的建议□

h.银行、保险公司等工作人员的建议□

i.自己以往的经验□

j.其他来源□

k.不知道□

207(QF7)请问下列说法,和您家的实际情况是否一样?

(说明:本题项采用5级量表,1表示“完全赞同”;2表示“基本赞同”;3表示“有点不赞同”;4表示“基本不赞同”;5表示“完全不赞同”。请在您认为合适的数字后的“□”内打“√”。)

a.“买东西前,我们会认真考虑能不能买得起。”请问您是否赞同这种说法或做法?

(完全赞同)1□　2□　3□　4□　5□(完全不赞同)

b.“过日子没必要为将来想太多。”请问您是否赞同这种说法或做法?

(完全赞同)1□　2□　3□　4□　5□(完全不赞同)

c.“花钱比存钱更让自己感到安心、满足。”请问您是否赞同这种说法或做法?

(完全赞同)1□　2□　3□　4□　5□(完全不赞同)

d.“我们家从不拖欠任何费用,借别人的钱也会及时偿还。”请问您是否赞同这种说法或做法?

(完全赞同)1□　2□　3□　4□　5□(完全不赞同)

e.“我们很关心家里的各项收入、花销以及该还的债务等状况。”请问您是否赞同这种说法或做法?

(完全赞同)1□　2□　3□　4□　5□(完全不赞同)

f.“近三年,我们家有明确的目标(比如还清所有债务、购车、盖房(买房)或娶媳妇等),而且一直在为这些目标而努力。”请问您是否赞同这种说法或做法?

(完全赞同)1□　2□　3□　4□　5□(完全不赞同)

g.“钱就是用来花的,花光了再挣,没啥可担心的。”请问您是否赞同这种说法或做法?

(完全赞同)1□　2□　3□　4□　5□(完全不赞同)

208(QK1)请问您认为与同村其他家庭相比,您家的经济金融知识(如利息的计算、贷款的流程等知识和常识)的整体水平怎么样?

a.非常高□ b.较高□ c.一般□ d.较低□

e.很低□ f.不知道□

209(QF8)有时会出现钱不够用无法负担日常花销的情况(入不敷出的情况)。请问在过去的12个月里,您的家庭是否也遇到过类似情况?

a.是□ b.否□ c.不知道□

210(QF9)在出现上述情况(入不敷出)后,请问您的家庭会怎么办?(可多选)

a.提取存款□ b.减少花销□ c.变卖家产□

d.打工或做兼职□ e.向亲戚朋友借款□ f.典当□

g.从互助社借款□ h.透支用信用卡□ i.从银行贷款□

j.借取高利贷□ k.赊账□ l.拖欠债务或相关费用□

m.其他方式□ n.不知道□

o.与我们家的实际情况不符(从没出现过收入不够负担日常花销的情况)□

211(QK2)假设您买彩票中了1万元一直存在家里。2年后您准备买羊搞养殖,请问此时用这笔钱能买到的羊,和2年前用这笔钱买到的羊相比,哪个时期买到的羊更多?

a.比2年前多□ b.比2年前少□ c.一样多□ d.不知道□

212(QK3)假设有天晚上,您借给朋友1万元,第二天下午他就还给您1万元,请问这位朋友该付给您的利息是多少元?

a.请写出答案________元 b.不知道□

213(QK4)假设您有100元,存入银行1年后全部取出,银行利率为每年2%,请问您能拿到多少钱?(假设相关税费全部减免)

a.请写出答案________元 b.不知道□

214(QK5)同样是100元,如果存入银行5年后再全部取出,银行利率也是每年2%,请问您又能拿到多少钱?(假设相关税费全部减免)

a.比110元多□ b.110元□ c.比110元少□ d.不知道□

215(QK6)请您判断下列说法的对错?

(1)“表面上看,短期内可能挣大钱的机会,也可能带来巨大的损失。”请问该说法正确吗?

a.正确□　　b.错误□　　c.不知道□

(2)“如果发生严重的通货膨胀,日常的花销支出将快速增加。”请问该说法正确吗?

a.正确□　　b.错误□　　c.不知道□

(3)“如果把钱存在不同地方,那么一下子把钱都丢了的可能性不是太大。”请问该说法正确吗?

a.正确□　　b.错误□　　c.不知道□

第三部分:家庭的资产负债状况(请在您认为正确的选项后的方框“□”内打“√”。)

301(QD2)请问,近三年,您的家庭收入的主要来源有(可多选):

a.种植□　b.养殖□　c.经济林□　d.个体运输□　e.小生意□

f.办企业□　g.工资□　h.打工□　i.股票收益□　j.基金收益□

k.理财产品收益□　l.放贷或入股收益□

m.土地流转收益(出租/出让)　n.房屋、车辆等出租收益□

o.各类惠农补贴□　p.社会救济□

q.他人汇款□　r.其他□

302(QD3)请问,近三年,您的家庭的年平均收入为:

a.5 000 元及以下□　b.5 000 元~1 万元□　c.1 万~2 万元□

d.2 万~5 万元□　e.5 万~10 万元□　f.10 万元以上□

303(QD4)请问,您家的房屋、车辆等大概价值多少钱?

(1)您家现有房屋的情况:

a.________间________结构(混凝土结构房、砖瓦结构房、砖木结构房、土木结构房、草房),大概价值________万元。

b.目前所居住的房屋不属于自己所有□

(2)除现有房屋外,您家其他房产(如县城)的情况(含用于商业经营的房产):

共有______套(处),大概值______万元(没有请填“0”)。

(3)您家从事或参与的工商业生产经营项目(包括冷库、诊所、油坊、小卖部、手工作坊和企业等)的总资产状况:

a.您家总共从事或参与了______个工商业生产经营项目。(没有请填“0”)

b.这些项目的总资产(不包括项目占用的自有房屋)____万元(参股项目请按参股比例折算)。

(4)您家的车辆情况:

a.您家总共有______辆货车、轿车或客车,大概价值______万元。(没有请填“0”)

b.您家的其他车辆(包括挖掘机、拖拉机、摩托车、三轮车、电瓶车、自行车等)共有______辆,大概价值______万元。(没有请填“0”)

(5)您家农用机械的情况:

您家总共有______台(包括脱粒机、抽水机、播种机、林业机械等),大概价值______万元。(没有请填“0”)

(6)您家牲畜的情况:

您家的牲畜共有______头\匹\只((包括马、牛、羊等),大概价值______万元。(没有请填“0”)

(7)您家土地的情况:

您家有____亩土地。(没有请填“0”)

(8)您家的家具、家电、电脑、手机等大概价值________万元。(没有请填“0”)

(9)您家是否还有其他值钱的财物,大概价值________万元。(没有请填“0”)

304(Qprod3)请问,您家的金融资产大概价值多少钱?

(1)您家是否正在使用或持有下列金融产品?(可多选)大概价值多少?

a.银行存款(活期或定期)(　)　b.国库券(　)　c.银行理财产品(　)

d.余额宝等互联网金融理财产品(　)　e.股票(　)　f.基金(　)

g.城乡居民养老保险（ ）　　　　　h.新农村合作医疗保险（ ）

i.其他（ ）______________________（请注明，如古董、商业保险等）

目前您家持有的金融产品的价值选项：

1）3 000 元及以下　　　2）3 000 元~5 000 元　　　3）5 000 元~1 万元

4）1 万~3 万元　　　5）3 万~5 万元　　　6）5 万~10 万元

7）10 万~20 万元　　　8）20 万元以上

（2）大部分家庭都会在家里存些现金，请问您家的情况是？

a.1 000 元及以下□　　　b.1 000 元~3 000 元□　　　c.3 000 元~5 千元□

d.5 000 元~1 万元□　　　e.1 万~2 万元□　　　f.2 万~5 万元□

g.5 万元以上

（3）目前您家有没有向别人（或单位）借钱或赊账？

a.有□　　b.没有□　　如果有，总共借（赊）出________万元？（请填写）

305（Qprod4）请问，您家的贷款和债务大概有多少？

（1）目前您家从小额贷款公司、互助社等借的钱有多少？（没有请填“0”）

a.________万元　　　b.利息（月利率）平均是____________

（2）目前您家欠别人的货款有多少？（没有请填“0”）

a.________万元　　　b.利息（月利率）平均是____________

（3）目前您家从组织或个人借的钱有多少？（没有请填“0”）

a.________万元　　　b.利息（月利率）平均是____________

（4）目前您家的其他债务（包括网贷、信用卡欠款等）有多少钱？（没有请填“0”）

a.________万元　　　b.利息（月利率）平均是____________

（5）目前您家是否有银行贷款（包括信用社和邮储等）？

（注：如果您在表格中选择了“目前没有银行贷款”选项，请您分别从下列原因选项中选择合适的理由，依次填入表格中所对应的位置，只填序号。）

“目前没有贷款的原因”选项：

a.家里钱够用,不需要贷款　　b.贷款申请被拒绝

c.利息太高,没有申请　　d.担心还不了,没有申请

e.程序太复杂,花费太大,没有申请　　f.即使申请也得不到,不如想其他办法

家庭活动(生产所需资金)	目前是否有银行的贷款(请打√)	目前没有贷款的原因	从银行得到的贷款金额(万元)	贷款前希望得到的金额(万元)	家庭活动(生产所需资金)	目前是否有银行的贷款(请打√)	目前没有贷款的原因	从银行得到的贷款金额(万元)	贷款前希望得到的金额(万元)
农林畜牧渔业生产	有□ 没有□				建(购)房、购自用轿车等	有□ 没有□			
个体运输、小生意等	有□ 没有□				婚丧嫁娶	有□ 没有□			
创办企业	有□ 没有□				治病	有□ 没有□			
外出务工	有□ 没有□				孩子上学	有□ 没有□			

参考文献

[1] 郭学军,杨蕊,刘浏,等.贫困地区农户金融素质与信贷约束——基于甘肃省辖集中连片特殊困难地区实地调查[J].兰州大学学报(社会科学版),2019,47(2):161-171.

[2]国务院.国务院关于印发推进普惠金融发展规划(2016-2020年)的通知.中央政府门户网站.

[3] Campbell J Y.Household finance [J].Journal of Finance,2006,61(4):1553-1604.

[4] 高明,刘玉珍.跨国家庭金融比较:理论与政策意涵[J].经济研究,2013,48(2):134-149.

[5] Lusardi A, Mitchell O S. Planning and financial literacy: How do women fare? [J].American Economic Review,2008,98(2):413-417.

[6] Fornero E, Monticone C. Financial literacy and pension plan participation in Italy [J].Journal of Pension Economics and Finance,2011,10(4):547-564.

[7] Almenberg J,Dreber A.Gender,stock market participation and financial literacy[J].Economics Letters,2015,137:140-142.

[8] 中国农业银行战略规划部,中国家庭金融调查与研究中心.中国农村家庭金融发展报告(2014)[M].成都:西南财经大学出版社,2014.

[9] 梁爽,张海洋,平新乔,等.财富、社会资本与农户的融资能力[J].金融研究,2014(4):83-97.

[10] 中共中央 国务院.关于实施乡村振兴战略的意见.中央政府门户网站.

[11] Markowitz Portfolio selection[J]. Journal of Finance,1952,7(1):77-91.

[12] Sharpe W F.Capital asset prices: a theory of market equilibrium under conditions of risk[J]. Journal of Finance,1964,19(3):425-442.

[13] Samuelson P A.Lifetime portfolio selection by dynamic stochastic programming[J]. Review of Economics and Statistics,1969,51(3):239-246.

[14] Merton R C.Optimum consumption and portfolio rules in a continuous time model[J].Journal of Economic Theory,1971,3(4):373-413.

[15] Flavin M,Yamashita T.Owner-occupied housing and the composition of the household portfolio[J].American Economic Review,2002,92(1):345-362.

[16] Cocco J F.Portfolio choice in the presence of housing[J].Review of Financial Studies,2005,18(2):535-567.

[17] Hu X Q.Portfolio choices for homeowners[J].Journal of Urban Economics,2005,58(1):114-136.

[18] Pelizzon L,Weber G.Efficient portfolios when housing needs change over the life-cycle[J].Journal of Banking and Finance,2009,33(11):2110-2121.

[19] Chetty R,Sándor L,Szeidl A.The effect of housing on portfolio choice[J].The Journal of Finance,2017,72(3):1171-1212.

［20］吴卫星，易尽然，郑建明.中国居民家庭投资结构：基于生命周期、财富和住房的实证分析［J］.经济研究，2010，45(S1)：72-82.

［21］尹志超，宋全云，吴雨.金融知识、投资经验与家庭资产选择［J］.经济研究，2014，49(4)：62-75.

［22］陈莹，武志伟，顾鹏.家庭生命周期与背景风险对家庭资产配置的影响［J］.吉林大学社会科学学报，2014，54(5)：73-80，173.

［23］Vissing-Jorgensen A. Towards an explanation of household portfolio choice heterogeneity：nonfinancial income and participation cost structures［R］. National Bureau of Economic Research Working Paper，2002.

［24］Bertaut C C, Starr-McCLuer M. Household portfolios in the United States［R］. Board of Governors of the Federal Reserve Working Paper，2000.

［25］Wachter J A, Yogo M. Why do household portfolio shares rise in wealth?［J］. The Review of Financial Studies, 2010, 23(11)：3929-3965.

［26］吴卫星，丘艳春，张琳琬.中国居民家庭投资组合有效性：基于夏普率的研究［J］.世界经济，2015，38(1)：154-172.

［27］Guiso L, Haliassos M, Jappelli T. Household portfolios：an international comparison［R］. Centre for Studies in Economics and Finance Working Paper，2000.

［28］Gomes F, Michaelides A. Optimal life-cycle asset allocation：understanding the empirical evidence［J］. The Journal of Finance，2005，60(2)：869-904.

［29］Alan S. Entry costs and stock market participation over the life cycle

[J].Review of Economic Dynamics,2006,9(4):588-611.

[30] Hong H,Kubik J D,Stein J C.Social interaction and stock-market participation[J].The Journal of Finance,2004,59(1):137-163.

[31] Guiso L,Sapienza P,Zingales L.The role of social capital in financial development[J].American Economic Review,2004,94(3):526-556.

[32] 李涛.社会互动、信任与股市参与[J].经济研究,2006,41(1):34-45.

[33] 周铭山,孙磊,刘玉珍.社会互动、相对财富关注及股市参与[J].金融研究,2011(2):172-184.

[34] 李涛.社会互动与投资选择[J].经济研究,2006,41(8):45-57.

[35] Cocco J F, Gomes F J, Maenhout P J. Consumption and portfolio choice over the life cycle[J].The Review of Financial Studies,2005,18(2):491-533.

[36] Constantinides G M,Donaldson J B,Mehra R.Junior can't borrow:a new perspective on the equity premium puzzle[J].The Quarterly Journal of Economics,2002,117(1):269-296.

[37] 王聪,田存志.股市参与、参与程度及其影响因素[J].经济研究,2012,47(10):97-107.

[38] 尹志超,宋鹏,黄倩.信贷约束与家庭资产选择——基于中国家庭金融调查数据的实证研究[J].投资研究,2015,34(1):4-24.

[39] 尹志超,吴雨,甘犁.金融可得性、金融市场参与和家庭资产选择[J].经济研究,2015,50(3):87-99.

[40] 段军山,崔蒙雪.信贷约束、风险态度与家庭资产选择[J].统计研究,2016,33(6):62-71.

[41] Klapper L,Panos G.Financial literacy and retirement planning:the

Russian case[J].Journal of Pension Economics and Finance,2011,10(4):599-618.

[42] Van Rooij M,Lusardi A,Alessie R.Financial literacy and stock market participation[J]. Journal of Financial Economics, 2011, 101(2):449-472.

[43] Calvet L E,Compell Y,Sodni P.Measuring the financial sophistication of households[J]. The American Economic Review, 2009, 90(2):393-398.

[44] Goetzmann W N,Kumar A.Equity portfolio diversification[J].Review of Finance,2008,12(3):433-463.

[45] Stango V,Zinman J.Exponential growth bias and household finance[J].The Journal of Finance,2009,64(6):2807-2849.

[46] Huston S J. Financial literacy and the cost of borrowing[J]. International Journal of Consumer Studies,2012,36(5):566-572.

[47] Lusardi A,Mitchell O S.Financial literacy and planning: implications for retirement Wellbeing[R].National Bureau of Economic Research Working Paper,2011.

[48] 曾志耕,何青,吴雨,等.金融知识与家庭投资组合多样性[J].经济学家,2015(6):86-94.

[49] 胡振,臧日宏.收入风险、金融教育与家庭金融市场参与[J].统计研究,2016,33(12):67-73.

[50] 刘西川,程恩江.贫困地区农户的正规信贷约束:基于配给机制的经验考察[J].中国农村经济,2009(6):37-50.

[51] 赵延东,罗家德.如何测量社会资本:一个经验研究综述[J].国外社会科学,2005(2):18-24.

[52] Yao R, Zhang H H. Optimal consumption and portfolio choices with risky housing and borrowing constraints[J]. The Review of Financial studies, 2005, 18(1): 197-239.

[53] Rosen H S, Wu S. Portfolio choice and health status[J]. Journal of Financial Economics, 2004, 72(3): 457-484.

[54] 雷晓燕,周月刚.中国家庭的资产组合选择:健康状况与风险偏好[J].金融研究,2010(1): 31-45.

[55] Berkowitz M K., Qiu J. A further look at household portfolio choice and health status[J]. Journal of Banking & Finance, 2006, 30(4): 1201-1217.

[56] Cardak B A, Wilkins R. The determinants of household risky asset holdings: Australian evidence on background risk and other factors [J]. Journal of Banking & Finance, 2009, 33(5): 850-860.

[57] 何兴强,史卫,周开国.背景风险与居民风险金融资产投资[J].经济研究,2009,44(12): 119-130.

[58] 吴卫星,荣苹果,徐芊.健康与家庭资产选择[J].经济研究,2011(S1): 43-54.

[59] 李涛,郭杰.风险态度与股票投资[J].经济研究,2009,44(2): 56-67.

[60] Bodie Z, Merton R C, Samuelson W F. Labor supply flexibility and portfolio choice in a life cycle model[J]. Journal of Economic Dynamics and Control, 1992, 16(3/4): 427-449.

[61] Munk C, Sørensen C. Dynamic asset allocation with stochastic income and interest rates[J]. Journal of Financial Economics, 2010, 96(3): 433-462.

[62] Heaton J,Lucas D.Portfolio choice and asset prices：the importance of entrepreneurial risk[J].Journal of Finance,2000,55(3)：1163-1198.

[63] Heaton J, Lucas D. Market frictions savings behavior and portfolio choice[J].Macroeconomic Dynamics,1997,1(1)：76-101.

[64] Haliassos M,Bertaut C C.Why do so few hold stocks？[J].The Economic Journal,1995,105(432)：1110-1129.

[65] Vissing-Jorgensen A.Perspectives on behavioral finance：does "irrationality" disappear with wealth？evidence from expectations and actions ,in Gertler M,Rogoff K(eds)：NBER Macroeconomics Annual 2003[M].Cambridge：MIT Press,2004.

[66] Diamond P A.National debt in a neoclassical growth model[J].American Economic Review,1965,55(5)：1126-1150.

[67] 吴卫星,齐天祥.流动性、生命周期与投资组合相异性——中国投资者行为调查实证分析[J].经济研究,2007,42(2)：97-110.

[68] 史代敏,宋艳.居民家庭金融资产选择的实证研究[J].统计研究,2005,22(10)：43-49.

[69] 廖理,张金宝.城市家庭的经济条件、理财意识和投资借贷行为——来自全国24个城市的消费金融调查[J].经济研究,2011,46(S1)：17-29.

[70] Petrick M .Empirical measurement of credit rationing in agriculture：a methodological survey [J]. Agricultural Economics, 2005, 33 (2)：191-203.

[71] Hodgman D R.Credit Risk and Credit Rationing[J].The Quarterly Journal of Economics,1960,74(2)：258-278.

[72] Hodgman D R.Commercial bank loan and investment Policy[M].Ur-

bana and Chicago: university of Illinois Press,1963.

[73] Jaffee D,Modigliani F.A theory and test of credit rationing[J].American Economic Review,1969,59(5):850-872.

[74] Williamson E O.Transaction-cost economics: the governance contractual relations [J]. Journal of Law and Economics, 1979, 22(10): 233-262.

[75] Baltensperger E.Credit rationing: issues and questions [J].Journal of Money,Credit and Banking,1978,10(2): 170-183.

[76] Stiglitz J E,Weiss A.Credit rationing in markets with imperfect information[J].American Economic Review,1981,71(3): 393-410.

[77] Gonzúlez-Vega C.Credit-rationing behavior of agricultural lenders: the iron law of interest rate restrictions,in Adams D W,Graham D H and Von Pischke J D(eds): Undermining rural development with cheap credit[M].Boulder and London: Westview Press,1984.

[78] Boucher S.Endowments and credit market performance: An economet-ric exploration of non-price rationing mechanisms in rural credit markets in Peru[EB/OL].Unpublished Paper,University of California-Davis,2002.

[79] Jappelli T.Who is credit constrained in the U.S.economy? [J].The Quarterly Journal of Economics,1990,105(1): 219-234.

[80] Boucher S,Guirkinger C,Trivelli C.Direct elicitation of credit constraints: conceptual and practical issues with an application to Peruvian agriculture[J].Economic Development and Cultural Change,2009,57(4): 609-640.

[81] Kon Y,Storey D J.A theory of discouraged borrowers [J].Small Busi-

ness Economics,2003,21(1):37-49.

[82] Petrick M.A microeconometric analysis of credit rationing in the polish farm sector [J].European Review of Agricultural Economics,2004,31(1): 77-101.

[83] 王翼宁,赵顺龙.外部性约束、认知偏差、行为偏差与农户贷款困境——来自716户农户贷款调查问卷数据的实证检验[J].管理世界,2007(9):69-75.

[84] Boucher S,Carter M R,Guirkinger C.Risk rationing and wealth effects in credit markets: theory and implications for agricultural development [J]. American Journal of Agricultural Economics, 2008, 90 (2): 409-423.

[85] Iqbal F. The demand and supply of funds among agricultural households in India, in Singh Squire and Strauss (eds): Agricultural household model: Application and policy [M].Baltimore and London: World Bank Publication, John Hopkins University Press, 1986.

[86] Binswanger H P, Rosenzweig M R. Behavioral and material determinants of production relations in agriculture [J].Journal of Development Studies, 1986, 22(3): 503-539.

[87] Kochar A. An empirical investigation of rationing constraints in rural credit markets in India [J].Journal of Development Economics, 1997, 53(2): 339-371.

[88] Diagne A, Zeller M, Sharma M. Empirical measurements of households'access to credit and credit constraints in developing countries: methodological issues and evidence [R]. (FCND) Food Consumption and Nutrition Division Discussion Paper, International Food

Policy Research Institute. 2000.

[89] Zeldes S P.Consumption and liquidity constraints: an empirical investigation[J].Journal of Political Economy,1989,97(2): 305-346.

[90] Sial M H,Carter M R.Financial market efficiency in an agrarian economy: microeconometric analysis of the Pakistani Punjab[J].The Journal of Development Studies,1996,32(5): 771-798.

[91] Banerjee A V,Duflo E.Do firms want to borrow more? Testing credit constraints using a directed lending program[J].Review of Economic Studies,2014,81(2): 572-607.

[92] Deaton A.Saving and income smoothing in côte d'Ivoire[J].Journal of African Economies,1992,1(1): 1-24.

[93] Deaton A.Saving and liquidity constraints[J].Econometrica,1991,59(5): 1221-1248.

[94] Zeller M.Determinants of credit rationing: a study of informal lenders and formal credit groups in Madagascar[J]. World Development,1994,22(12): 1895-1907.

[95] Barham B L,Boucher S, Carter M R.Credit constraints,credit unions, and small-scale producers in Guatemala[J]. World Development,1996,24(5): 793-806.

[96] Mushinski D W. An analysis of offer functions of banks and credit unions in Guatemala[J].The Journal of Development Studies,1999,36(2): 88-112.

[97] 张海洋,李静婷.村庄金融环境与农户信贷约束[J].浙江社会科学,2012(2): 11-20,155.

[98] Feder G,Lau L J,Lin J Y,et al.The Relationship between credit and

productivity in Chinese agriculture: a microeconomic model of disequilibrium[J].American Journal of Agricultural Economics,1990,72(5): 1151-1157.

[99] Paxson C.Borrowing constraints and portfolio choice [J].Quarterly Journal of Economics,1990,105(2): 535-543.

[100] Guiso L,Jappelli T,Terlizzese D.Income risk borrowing constraints and portfolio choice[J].American Economic Review,1996,86(1): 158-172.

[101] Storesletten K,Telmer C I,Yaron A.How Important Are Idiosyncratic Shocks? Evidence from Labor Supply[J].American Economic Review,2001,91(2):413-417.

[102] Haliassos M,hassapis C.Borrowing constraints,portfolio choice,and precautionary motives: Theoretical predictions and empirical complication[R].(CSEE) Centre for Studies in Economics and Finance Working Paper,1999.

[103] 周京奎.住宅市场风险、信贷约束与住宅消费选择——一个理论与经验分析[J].金融研究,2012(6): 28-41.

[104] Lusardi A.Overcoming the saving slump: How to increase the effectiveness of financial education and saving programs[M].Chicago: University of Chicago Press,2008.

[105] Lusardi A,Tufano P.Debit literacy,financial experiences,and overindebtedness[J].Journal of Pension Economics and Finance,2015,14(4): 332-368.

[106] Lusardi A,Mitchell O S.Baby boomer retirement security: the roles of planning,financial literacy,and housing wealth[J].Journal of Mo-

netary Economics,2007,54(1):205-224.

[107] 郭学军,张世新,冯昱,等.金融素质测量研究综述[J].预测,2017,36(3):74-80.

[108] Lusardi A,Mitchell O S.Financial literacy around the world: an overview[J].Journal of Pension Economics and Finance,2011,10(4):497-508.

[109] Huston S J.Measuring financial literacy[J].Journal of Consumer Affairs,2010,44(2):296-316.

[110] Hung A,Parker A M,Yoong J.Defining and measuring financial literacy[R].RAND Working Paper,2009.

[111] Lusardi A,Mitchell O S.Financial literacy and retirement planning in the United States[J].Journal of Pension Economics and Finance,2011,10(4):509-525.

[112] Sekita S.Financial literacy and retirement planning in Japan[J].Journal of Pension Economics and Finance,2011,10(4):637-656.

[113] Hastings J S,Mitchell O S.How financial literacy and impatience shape retirement wealth and investment behaviors[J].Journal of Pension Economic and Finance,2020,19(1):1-20.

[114] Brown M,Graf R.Financial literacy and retirement planning in Switzerland[EB/OL].Numeracy,2013,6(2): Article 6.

[115] Arrondel L,Debbich M,Savignac F.Stockholding and Financial Literacy in the French Population[J].International Journal of Social Sciences and Humanity Studies,2012,4(2):285-294.

[116] Beckmann E.Financial literacy and household savings in Romania[EB/OL].Numeracy,2013,6(2): Article 9.

[117] 马双,赵朋飞.金融知识、家庭创业与信贷约束[J].投资研究,2015,34(1):25-38.

[118] Sälzer C.Financial fiteracy als Teil der Grundbildung in PISA[J].Unterricht Wirtschaft+Politik,2013(3):55-57.

[119] Schuhen M, Schürkmann S. Construct validity of financial literacy [J].International Review of Economics Education,2014,16:1-11.

[120] Knoll M A , Houts C R. The financial knowledge scale: an application of item response theory to the assessment of financial literacy[J].Journal of Consumer Affairs,2012,46(3):381-410.

[121] Chen H, Volpe R P.Gender differences in personal financial literacy among college students[J].Financial Services Review,2002,11(3):289-307.

[122] Potrich A C G, Vieira K M, Coronel D A, et al.Financial literacy in Southern Brazil: modeling and invariance between genders [J].Journal of Behavioral and Experimental Finance,2015,6:1-12.

[123] Atkinson A, Messy F A.Assessing financial literacy in 12 countries: an OECD/INFE international pilot exercise[J].Journal of Pension Economics and Finance,2011,10(4):657-665.

[124] Schmeiser M D, Seligman J S.Using the right yardstick: assessing financial literacy measures by way of financial well-being[J].Journal of Consumer Affairs,2013,47(2):243-262.

[125] Organization for Economic Co-Operation and Development(OECD).OECD/INFE toolkit for measuring financial literacy and financial inclusion[EB/OL].OECD Publishing,2015.

[126] Bay C, Catasús B, Johed G. Situating financial literacy [J]. Critical

Perspectives on Accounting 2014,25(1): 36-45.

[127] Organization for Economic Co-Operation and Development(OECD). Pisa 2012 assessment and analytical framework: mathematics, reading, science, problem solving and financial literacy[EB/OL]. OECD Publishing,2013.

[128] Ciemleja G, Lace N, Titko J. Towards the practical evaluation of financial literacy: Latvian survey[J]. Procedia-Social and Behavioral Sciences 2014,156: 13-17.

[129] Hastings J, Ashton L T. Financial literacy, information and demand elasticity: survey and experimental evidence from Mexico[R]. National Bureau of Economic Research Working Paper,2008.

[130] Klapper L F, Lusardi A, Panos G A. Financial literacy and the financial crisis[R]. National Bureau of Economic Research Working Paper,2012.

[131] Christelis D, Jappelli T, Padula M. Cognitive abilities and portfolio choice[J]. European Economic Review,2010,54(1): 18-38.

[132] Miles L. Waking up after the 1997 financial crisis: corporate governance in Malaysia[J]. Journal of international banking law and regulation,2004,20(1): 21-32.

[133] Disney R F, Gathergood J. Financial literacy and indebtedness: new evidence for U.K.consumers[R]. University of Nottingham Working Paper,2011.

[134] 孙光林,李庆海,李成友.欠发达地区农户金融知识对信贷违约的影响——以新疆为例[J].中国农村观察,2017(4): 87-101.

[135] Ameriks J, Caplin A, Leahy J. Wealth accumulation and the

propensity to plan[J]. The Quarterly Journal of Economics, 2003, 118(3): 1007-1047.

[136] Davidsson P, Honig B. The role of social and human capital among nascent entrepreneurs[J]. Journal of Business Venturing, 2003, 18(3): 301-331.

[137] Cole S A, Paulson A L, Shastry G K. Smart money: The effect of education on financial behavior[R]. Harvard Business School Working Paper, 2012.

[138] Sevim N, Temizel F, Sayılır ö. The effects of financial literacy on the borrowing behavior of Turkish financial consumers [J]. International Journal of Consumer Studies, 2012, 36(5): 573-579.

[139] 杨宏力."农贷难"的成因及对策[J].农村经济,2005(5): 71-73.

[140] 张号栋,尹志超.金融知识和中国家庭的金融排斥——基于 CHFS 数据的实证研究[J].金融研究,2016(7):80-95.

[141] 宋全云,吴雨,尹志超.金融知识视角下的家庭信贷行为研究[J].金融研究,2017(6): 95-110.

[142] 郭学军,侯玉君,冯昱,等.世界经合组织金融素质测量工具的实用性评估——基于甘肃省辖集中连片特殊困难地区实地调查[J].运筹与管理,2018,27(9): 190-199.

[143] Organisation for Economic Co-Operation and Development(OECD). OECD/INFE international survey of adult financial literacy competencies[EB/OL]. OECD Publishing, 2016.

[144] 孟亦佳.认知能力与家庭资产选择[J].经济研究,2014,49(A01): 132-142.

[145] 吴卫星,李雅君.家庭结构和金融资产配置——基于微观调查数据

的实证研究[J].华中科技大学学报(社会科学版),2016,30(2):57-66.

[146] 吴卫星,吕学梁.中国城镇家庭资产配置及国际比较——基于微观数据的分析[J].国际金融研究,2013(10):45-57.

[147] 李凤,罗建东,路晓蒙,等.中国家庭资产状况、变动趋势及其影响因素[J].管理世界,2016(2):45-56,187.

[148] 肖作平,张欣哲.制度和人力资本对家庭金融市场参与的影响研究——来自中国民营企业家的调查数据[J].经济研究,2012,47(S1):91-104.

[149] 吴雨,彭嫦燕,尹志超.金融知识、财富积累和家庭资产结构[J].当代经济科学,2016,38(4):19-29,124-125.

[150] Chu Z,Wang Z,Xiao J J,et al.Financial literacy,portfolio choice and financial well-being[J].Social Indicators Research,2017,132(2):799-820.

[151] 王超.信贷约束下的农户借款行为研究[D].北京:对外经济贸易大学,2015.

[152] Beck T,Demirguc K A,Peria M S M.Reaching out:access to and use of banking services across countries[J].Journal of Financial Economics,2007,85(1):234-266.

[153] Kefela G T. Promoting access to finance by empowering consumers-Financial literacy in developing countries[J].Educational Research and Reviews,2010,5(5):205-212.

[154] 威廉.H.格林.计量经济分析[M].5 版.费剑平,译.北京:中国人民大学出版社,2007.

[155] J.M.伍德里奇.计量经济学导论:现代观点[M].费剑平,林相森,

译.北京:中国人民大学出版社,2003.

[156] 甘犁.来自中国家庭金融调查的收入差距研究[J].经济资料译丛,2013(4):41-57.

[157] Kaiser H F.An index of factorial simplicity[J].Psychometrika,1974,39(1):31- 36.

[158] Hausman J,McFadden D.Specification tests for the multinomial logit model[J].Econometrica,1984,52(5):1219-1240.